"十四五"新工科物流专业规划教材

大连海事大学专业学位研究生示范课程专项基金资助

交通运输工程学

孙家庆◎编著

中国财富出版社有限公司

图书在版编目 (CIP) 数据

交通运输工程学 / 孙家庆编著 . — 北京 : 中国财富出版社有限公司 , 2021.12
(2024.4 重印)
(“十四五”新工科物流专业规划教材)
ISBN 978 - 7 - 5047 - 7628 - 0

Ⅰ. ①交… Ⅱ. ①孙… Ⅲ. ①交通工程学—高等学校—教材 Ⅳ. ① U491

中国版本图书馆 CIP 数据核字 (2021) 第 267076 号

策划编辑	黄正丽	**责任编辑**	白 昕 于名珏 郑泽叶	**版权编辑**	李 洋
责任印制	尚立业	**责任校对**	杨小静	**责任发行**	敬 东

出版发行	中国财富出版社有限公司		
社 址	北京市丰台区南四环西路 188 号 5 区 20 楼	**邮政编码**	100070
电 话	010 - 52227588 转 2098 (发行部)		010 - 52227588 转 321 (总编室)
	010 - 52227566 (24 小时读者服务)		010 - 52227588 转 305 (质检部)
网 址	http://www.cfpress.com.cn	**排 版**	宝蕾元
经 销	新华书店	**印 刷**	北京九州迅驰传媒文化有限公司
书 号	ISBN 978 - 7 - 5047 - 7628 - 0/U · 0120		
开 本	787mm × 1092mm 1/16	**版 次**	2023 年 1 月第 1 版
印 张	14	**印 次**	2024 年 4 月第 2 次印刷
字 数	282 千字	**定 价**	45.00 元

前　言

交通运输是国民经济中的基础性、先导性、战略性产业和重要服务性行业，在构建新发展格局中具有重要地位和作用。新一轮科技革命和产业变革加速演变，智慧交通、绿色交通、共享交通成为各国培育交通发展新优势的重要发力点。目前，我国仍然处于重要战略机遇期，加快建设交通强国是顺应高质量发展、抢抓新机遇、应对新挑战的客观需要。近年来，随着交通运输与现代物流日趋融合，国家加快推进多式联运与综合运输发展。相应地，许多学校开设"交通运输工程学"课程并组织编写相关教材，但这些教材具有以下两大特点：一是现有教材大多针对本科生层次而编写，适用于研究生层次的教材不多，而且出版时间较早，已难以适应当前的教学需要；二是现有教材主要按运输方式设置各章内容，这不仅造成各运输方式之间关联性较差，同时也不利于推进多式联运与综合运输发展。为了满足新战略、新技术、新趋势下研究生人才培养需求，在总结多年教学科研实践、吸收新成果的基础上，我们编著了这本《交通运输工程学》，并力图体现以下特点。

1. 体系清晰

本书以交通运输工程系统为对象，基于交通运输工程（一级学科）下设的交通基础设施工程、交通信息与控制工程、载运工具运用工程、交通运输规划与管理、交通安全与环境等主干学科方向，设置了四篇（综合篇、信息篇、规划与运用篇、组织与管理篇），包括了九章（概论、绿色交通与平安交通、多式联运与综合运输、数字交通、智能交通与智慧交通、交通运输网络及其规划、交通运输设备及其运用、交通运输组织、交通运输管理）的内容，并从时间维（历史—现状—趋势）、空间维（规划—设计—运营）、内容维（理论—技术—组织）三个维度，阐述研究生必备的基本理论知识和技术。

2. 结构合理

与按运输方式编排教材章节的传统方式相比，本书突破了设置教材章节的惯例，按交通运输工程下设的主干学科方向设置教材结构，既阐述了各主干学科方向及各种运输方式之间共有的专业基础知识，又通过对比论证了各种运输方式之间的差异，可以突出重点，有效避免内容重复，实现了各种运输方式之间、各主干学科方向之间共性与特性的融合。

3. 前瞻性强

注重吸收交通运输工程领域新理论、新方法与新技术，增加了诸如《国家综合立体交通网规划纲要》以及数字交通、智慧交通等内容。

4. 实用性强

在教材编写过程中，注重实践创新，通过大量的实例、计算、图表等，阐述交通运输工程实践中面临的重点与难点以及解决方案，从而更好地将理论与实践相结合。此外，为了提升教材实用性，本书专门配备了教学大纲、多媒体课件、教学案例、习题等教学资源，与本书配套使用。

本书作为国家社科基金项目（19BGJ023）和中国物流学会物流教改教研课题（JZW2022015）的阶段性研究成果，由大连海事大学孙家庆教授、张赫副教授、孙世超副教授，大连俱进汽贸运输有限公司周铁英总经理、大连市仓储与配送协会于波秘书长共同编著。具体编写情况如下。第一至三章：孙家庆；第四至五章：张赫；第六章：孙世超；第七章：孙家庆、孙世超；第八章：周铁英、孙家庆；第九章：于波、孙家庆。韩兴华、孙淑悦、王胜男、郭春升、何高芬、闫淑贤等研究生也参与了教学案例、习题及部分章节的撰写工作，在此一并向这些专家、老师和研究生致以衷心的感谢。

目前，突破各种运输方式的界线，按学科编写交通运输工程学教材的方式尚处于探索阶段。这要求作者不仅要归纳不同学科、不同运输方式的共同点，而且还要识别出不同点，同时还要求熟悉各种运输方式的实际业务操作，掌握充足的资料。这显然是一件十分繁重的任务。尽管作者本着理论性与实用性并存的目标编写此教材，使之既有一定的理论深度，又能实用且可操作性强，但是因作者水平有限，本书难免存在疏漏之处，恳请广大读者不吝赐教，以便再版时修正，以臻完善。

孙家庆

2022 年 9 月于大连海事大学

目　录

综合篇

信息篇

规划与运用篇

组织与管理篇

综合篇

第一章　概论

第一节　交通运输概述

一、交通运输概念

（一）交通、运输及交通运输

1. 交通的概念

（1）狭义交通（Traffic），是指交通工具在交通网络上的空间位移过程。其中，交通工具可分为海陆空各类载运工具以及工程车、救护车等非载运工具，交通网络可分为各类交通线路与场站（港）等节点。此外，由于道路交通的开放性，交通线路上的行人与交通工具一样，也是交通参与者，是交通的组成部分。

（2）广义交通（Communication），有两种解释：一是指交通运输行业或交通运输系统；二是指各种运输和邮电通信的总称，即人和物的转运输送，语言、文字、符号、图像等的传递播送。值得注意的是，基于管理职能权限划分不同，广义交通在内涵上有较大的差异，它可能仅指交通运输，也可能扩展到邮政，甚至通信领域。比如，我国的交通运输部不仅承担交通运输事务，还代为管理全国的邮政事务，但电信事务则由工业和信息化部管理，而国外少数国家的交通部或运输部则承担着交通运输与邮电通信（Post and Tele-communication）的多重职能。

2. 运输的概念

一般而言，运输是指借助交通网络和载运工具，通过一定的组织管理技术，实现人与物空间位移的一种经济活动。运输也有狭义与广义之分，前者是指利用载运工具实现人或物的空间位移过程，后者是指交通运输行业或交通运输系统。

值得注意的是，以下人或物的空间位移并不属于运输范畴。

（1）虽利用交通网络，但不直接与经济活动产生关系的人或物的空间位移。比如使用消防车、电视转播车、环境监控车、道路清扫车、洒水车、高空作业车、工程抢险车及海上救援车（船、直升机）等“运输工具”而引起的人与物的空间位移不能称为运输。因为这些“运输工具”本身只不过是所安装设备的一个载体，并非一般意义上的载运工具，因此，尽管其活动也引起了人或物的空间位移，而且往往也要利用交通网络，但它们通常是为了执行特定的任务，一般不与经济活动发生直接关系。

（2）不需要使用载运工具或交通线路产生的人或物的空间位移。比如，人或物在家里、工作单位或其他建筑物内的移动，或者利用电梯产生的空间位移等。

（3）需要利用载运工具和交通网络，但已从货物运输中分离出来，成为独立的传输系统。比如，邮政部门下的邮件运输以及供水、供气、供暖部门向消费者输送水、气等。

3. 交通与运输的区别与联系

（1）交通与运输的区别。

①服务对象。交通的服务对象为交通参与者，包括行人及交通工具（机动工具、非机动工具等）；运输的服务对象为人或物，但人或物必须载于运输工具。可见，交通线路上的所有位移均视为交通，但并非所有利用交通线路的位移均为运输，即某些特殊工具（如工程车、自行车等）的位移和特定货物（如邮件、电等）的位移除外。

②服务载体。交通的服务载体为交通线路及场站设施；运输的服务载体为专门用于运送人或物的运输工具。显然，交通工具与运输工具、交通方式与运输方式并非同一概念，交通工具和交通方式的涵盖范围更广。

③关注点。交通的关注点是以线路为中心，研究交通参与者的流动状况，其目的是使交通工具在交通网络上的流动状况处于最佳状态，通常不关心交通工具上是否载货或载客以及载货量或载客量的多少；运输的关注点是以载运工具为中心，研究载运工具的组织和载运情况，其目的是“多、快、好、省”地运载人或物，它除了考虑交通流状况外，通常更关心的是运输工具的载运情况。

（2）交通与运输的联系。

①交通与运输其实是同一过程的两个不同方面。同一过程就是载运工具在交通网络上的流动；两个不同方面指交通关心的是交通参与者的流动情况，运输关心的是流动中的载运工具的组织和载运情况。

②交通与运输既相互区别，又密切相关。交通仅仅是一种手段，而运输才是最终目的；运输以交通为前提，没有交通就不存在运输，而没有运输的交通，也就失去了存在的必要。

4. 交通运输的概念

（1）狭义的交通运输，可定义为交通工具以及人与物在交通网络上的空间位移过程。

（2）广义的交通运输，可定义为通过一定的组织管理技术，实现交通工具以及人与物在交通网络上流动的一种社会活动与经济活动。

（二）交通运输与物流

1. 物流中的运输

（1）物流中的运输的概念与特点。

根据我国国家标准《物流术语》（GB/T 18354—2021）的解释，运输是指利用载运工具、设施设备及人力等运力资源，使货物在较大空间上产生位置移动的活动。

显然，物流中的运输具有两个特点。一是其载运对象，仅仅是指货物，不包括人员。可见，物流中的运输是指货物运输，并不包括旅客运输，这说明交通运输与现代物流在内容上存在交叉，那种认为物流包括交通运输的说法是不准确的。二是其工作范围，物流既包括流通领域的运输，也包括生产领域的运输（或称为厂内运输），而一般运输通常是指流通领域中的运输。

（2）运输与配送、搬运的区别。

运输、配送、搬运，虽然都是产生空间位移的活动，但是它们在地域范围等方面有明显的区别（见表 1–1），尤其是配送，其核心是“配”，而非“送”，而且配送中所包含的那一部分运输活动在整个输送过程中处于“二次输送”“支线输送”“末端输送”的位置，其起止点是交通节点至用户。

表 1–1　运输与配送、搬运的区别

对比概念	运输	配送	搬运
地域范围	干线运输	支线运输、末端运输	运输节点或工厂内的位移活动
设备与设施	车、船、飞机等运输工具	小型货车（国际配送可采用小型船舶）	叉车、跨运车等装卸搬运工具
货物品种与批量	以少品种、大批量为主	多品种、小批量	适应各类品种、批量
管理重点	效率优先	服务优先	效率优先
附属功能	装卸、捆包等	装卸、保管、包装、分拣、流通加工、订单处理等	保管、捆包等

2. 交通运输与物流的相同点

（1）具有共同的特点。交通运输与物流的发展都是建立在系统思想指导基础之上的。交通运输强调各种运输方式的优势互补、分工合作，共同发展成一个优化的运输系统，即综合运输系统及多式联运系统。而物流则是由各种功能、各种资源组成的一个复杂系统，同样强调各种资源优势互补、分工合作及共同发展。

（2）相互促进。运输是物流最基本、最重要的功能之一，现代物流是建立在现代发达的交通运输基础之上的，因而，交通运输的发展必将促进物流的发展。另外，物流的发展也给交通运输带来了新的机会，使其找到新的利润增长点和发展切入点。

3. 交通运输与物流的不同点

（1）内涵上的不同。交通运输在本质上强调的是面向运输任务，追求的是准时、完好、经济地完成任务。而物流更多强调的是面向企业业务流程，追求的是货物持续、快速流动，并保持与采购、生产、销售的高度同步性。

（2）发展的主要动力不同。交通运输是国家和社会经济的基础，各级政府是交通运输发展的主要推动者。而物流发展的主要动力则是企业基于提升自身竞争力的愿望。通俗地讲，前者发展的主要动力来自“官方”，后者则来自“民间”。

（3）发展的目标不同。交通运输以提供安全、快捷和高质量的交通服务为目标。而物流的发展目标是更好地融入供应链，促进物流与供应链各环节协调互动。

（4）发展的方向不同。交通运输追求的是运输方式之间的一体化，实现“无缝式”的空间位移。而物流追求的是供应链上所有主体间，供应、生产、销售各环节内部以及各环节之间的高度一体化和柔性化。

总之，交通运输更强调公共性、标准化服务，而物流更重视个性化服务。

二、交通运输构成要素

从系统论的角度，交通与运输也可分别称为交通系统、运输系统。其中，交通系统是指为行人和各类交通工具在特定通道上的顺利流动而建立起来的有机整体，运输系统是指利用不同运输方式使被运送对象按既定目标实现位移而建立起来的有机整体。

实践中，基于目的不同，交通运输的构成要素可有不同的分类方法。

1. 基于技术视角的交通运输的构成要素分析

（1）交通三要素，包括交通工具（客货车、非机动车、船舶、飞机等）、交通线路（公路、铁路、水运航道、航空航路等）、交通场站（港），此外，道路交通还包括交通系统中的行人，交通系统所要解决的核心问题是提高行人和交通工具的通行速度。

（2）运输四要素，包括载运对象（乘客或货物）、载运工具（客货车、非机动车、船舶、飞机等)、交通线路(公路、铁路、水运航道、航空航路等)、交通场站(港),运输系统所要解决的核心问题是尽可能地提高运输的效率、降低运输成本。

2. 基于功能视角的交通运输的构成要素分析

交通运输体系的运转过程,就是交通运输对象系统借助交通运输工具系统,在交通运输路网系统之上,基于运输企业组织系统的有效组织、交通运输信息系统的调控,以及交通运输管理系统的宏观控制进行运输生产的过程。因此,从功能上划分,交通运输由交通运输对象、交通运输路网、交通运输工具、交通运输组织、交通运输管理和交通运输信息六大子系统组成。

(1)交通运输对象系统是交通运输工具系统运转的目的。人或物的流动是依靠运输工具的运行来实现的。同时,运输工具的状况在很大程度上决定了运输的质量。

(2)交通运输工具系统依存于交通运输路网系统。交通运输路网系统的服务功能直接约束其可容纳的交通运输工具数量、通过能力和运输质量;交通运输工具系统的运转,受交通运输组织系统与交通运输管理系统的约束,运输工具的运行、装卸机械作业的开展,都必须在交通运输组织系统与交通运输管理系统的指挥下进行。否则,会引起整个交通运输系统的混乱。

(3)交通运输信息系统是交通运输系统的中枢,它联系着交通运输的各个子系统。从运输行政管理的角度看,信息系统的功用在于构筑一个政府部门协同工作的环境,通过信息技术实现行业管理及市场管理的规范化,并为宏观部门提供决策需求信息,提升交通运输系统各环节的工作效率。从运输企业管理的角度看,一方面,信息贯穿于运输生产活动的各个方面,运输生产必须依据一定的运输信息而进行,运输信息的变化必然带来运输生产组织工作的改变;另一方面,通过利用计算机技术、通信及互联网等现代高新技术对传统的运输企业组织与管理过程进行全面改造,有助于提升交通运输活动的整体效益与用户服务水平,比如利用条码、电子数据交换(EDI)、全球定位系统(GPS)等技术实现货物的跟踪查询等。

(4)交通运输对象系统、交通运输路网系统、交通运输工具系统和交通运输组织系统的运转,均受交通运输管理系统的调控。

总之,交通运输对象系统是目的,交通运输工具系统是载体,交通运输组织系统是指挥,交通运输管理系统是保障或服务,交通运输信息系统与交通运输路网系统是基础。

3. 基于管理层次视角的交通运输的构成要素分析

基于管理层次划分,交通运输由基础层、业务层和组织调控层组成。其中,基础层是由交通运输网络设施及通信基础设施等组成的"网络系统",作为公共设施,对交通运输系统运作起保障支持作用;业务层是由各类客货运交通工具组成的"客货流系统",作为载体,目的在于完成客货运服务;组织调控层是由宏观管理和微观管理组成的“管理系统”，发挥组织控制作用。

三、交通运输的分类

实践中，可基于不同角度进行分类。比如，按运输对象划分，可分为旅客运输、货物运输等；按运输方式划分，可分为铁路、公路、水路、航空、管道等；按区域划分，可分为国际货物运输和国内货物运输；按性质划分，可分为军事运输、商业运输等；按营运方式划分，可分为定期运输、不定期运输。

1. 旅客运输与货物运输

（1）营运组织方式。件杂货及集装箱货通常采用定期运输，大宗货通常采用不定期运输。而客运多采取定期运输的方式经营，而且往返的次数相同。

（2）运输设备。客运设备的种类和应用较为简单，而货运的范围则复杂得多。因货物的性质、尺寸、重量等差异，货物运输必须使用不同的运输工具、装卸设备、检查设备、接送设备和储存设备，因而货运设备的种类与应用较为复杂。

（3）人员。客运通常只是涉及旅客、运输企业和客运码头等有关方。而货运一般要涉及发货人、收货人、承运人、货运站（港）、仓储站等多个参与方。

（4）运输单证。货运单证较为复杂，而客运单证较为简单。

（5）运杂费。客运通常按不同的运输类型和舱位等级核收不同的运费，并不考虑旅客自身的特点。而货运通常按货物价值、性质、数量多少的不同收取不同的运费。

（6）运输路线的选择。通常情况下，货主一般要求货物按时到达，对运输路线无具体的要求。而客运原则上不能改变运送路线。

（7）客户监督。客运旅客有机会随时对运输经营者的服务质量进行监督并提出要求。而货运货主只能对发送和到达作业进行监督，对载运工具运行过程则无法进行有效监督。

（8）其他方面。旅客在站（港）等候时间相对较短。而货物在港口进行配载、装卸、中转与交付等环节所花费的时间相对较长。

2. 营业性运输与非营业性运输

（1）营业性运输指以营利为目的，为社会提供服务、发生各种费用结算的运输。首先其应该是运输活动，其次要满足公共性和商业性两大条件。在管理上，凡参加营业性运输的经营业户都应持有交通主管部门颁发的“道路运输经营许可证”，营运车辆要持有“道路运输证”，驾驶员需要取得“道路运输从业人员从业资格证”，并按国家有关规定，向车籍所在地道路运输管理机构缴纳运营费。

（2）非营业性运输，是指不以营利为目的，仅为本单位的生产、生活服务，不发生费用结算的运输。非经营性运输通常无须办理这些证件，也不需要缴纳运营费，但从事危险品运输除外。非营业性运输单位若需要从事道路危险货物运输，须事前向当地道路运输管理机构提出书面申请，经审查，符合规定运输条件的报地（市）级运输管理机构批准，发放“非经营性道路危险货物运输许可证”后方可进行运输作业；从事一次性道路危险货物运输，须报县级运输管理机构审查核准，发放“道路危险货物临时运输证”后方可进行运输作业。此外，如果非营业性运输单位从事营业性运输，交通运输主管部门及其所属的道路运输管理机构、交通运输监察机构可以以行为人未经许可擅自从事道路货运经营为由实施行政处罚。

3. 国际货物运输与国内货物运输

与国内货物运输相比，国际货物运输具有管理更严格、涉及面更广、风险更大以及主要货运单证的国际通用性和适用法规的国际统一性等特点。

（1）国家对从事国际货物运输的企业和载运工具实施更为严格的管理。由于国际货物运输的涉外性，国家对于从事国际货物运输的企业实行更为严格的管理，而且，载运工具及货物、人员除了应接受所在国家或地区有关部门的检查，还必须接受运输的起始地、目的地、途经地所在国家或地区有关部门的检查。

（2）国际货物运输涉及面广，复杂多变，风险较大。国际货物运输的距离一般较长，因此，国际货物运输涉及的环节更多，受自然因素和人为因素的影响更大。因而，与国内货物运输相比，国际货物运输的风险要大得多。

（3）适用法规的国际统一性。目前，国际上已通过了一系列为各个国家和地区所接受并共同遵守的国际公约，有关国际组织也制定了若干国际惯例供有关方参考。

（4）主要货运单证的国际通用性。国际行业组织制定了统一的国际货运单证，使之既符合各个国家或地区的法规法律规定和业务需要，也适应国际公约。

（5）国际货物运输的时间性。为避免延迟交货，进出口货物的装运期、交货期已被列为国际贸易合同中的必备条款。

四、交通运输方式技术经济特征

1. 不同运输方式技术经济指标的比较

基于视角不同，所选择的评价指标也不尽相同。

（1）基于运输使用者的视角。

通常会考虑诸如送达速度、完整性、准时可靠性、能力、频率、运输费用等服务性能指标。其中，完整性是指某一种运输方式线路网络的延伸程序以及需要其他运输方式介入的程度，它是评价运输服务是否便利的指标；准时可靠性，也称准时率，是指不易受线路拥挤或气候等因素的影响而按预定时间完成某种运输的能力；能力是指某种运输方式载运量大小以及适应特殊运输要求的能力；频率，也称间隔，是指在一定时间内完成货物运输的次数。各种运输方式服务性能指标的比较如表 1–2 所示。

表 1–2　　各种运输方式服务性能指标的比较

营运特征	铁路	公路	水路	管道	航空
送达速度	3	2	4	5	1
完整性	2	1	4	5	3
准时可靠性	2	3	4	1	5
能力	2	3	1	5	4
频率	3	1	5	4	2
运输费用	3	4	2	1	5

注：表中数值越低，表明该指标越好。

（2）基于社会经济系统的视角。

通常选择基建投资、运输成本、能源消耗、运输速度、运输生产率、载货量（运输能力）以及运输的通用性、经常性、机动性、安全性、环境污染等指标进行分析比较。表 1–3 比较了各种运输方式的技术经济特征。

表 1–3　　各种运输方式技术经济特征的比较

运输方式	基建投资		运输成本	能源消耗	运输速度	运输生产率	载货量	运输的通用性	运输的经常性	运输的机动性
	线路	运输工具								
铁路	6	4	4	4	3	3	4	2	3	3
河运	3	3	1	1	5	2	2	3	6	4
海运	1	5	2	3	4	1	1	3	5	5
公路	4	2	5	5	2	5	5	1	2	1
航空	2	6	6	6	1	6	6	4	4	2
管道	5	1	3	2	6	4	3	5	1	6

注：表中数值越低，表明该指标越好。

从表 1–2 和表 1–3 中不难看出，同其他运输方式相比，铁路运输各项技术经济指标值大多处于中间状态，因而，铁路可以满足许多运输上的需求。但其他运输方式都具有各自突出的特点，比如，航空运输速度快，公路运输机动灵活（即完整性好），管道运输费用低、准时可靠性高，水路运输费用低、运输能力大。这些优点使公路、航空和水路运输在满足某种特殊运输需求方面具有各自的优势。

2. 不同运输方式的适用范围

各种运输方式的技术性能、对地理环境的适应程度和经济指标存在较大的差异，因而也有其各自的特点及适用范围，如表 1-4 所示。

表 1-4　　各种运输方式的特点及适用范围

运输方式	优点	缺点	主要运输对象
水路运输	运量大； 成本低； 适用于超长、超宽、笨重货物的运输	运输速度慢； 港口装卸费用较高； 航行受天气影响较大； 运输正确性和安全性较差	主要是长途的低价值、高密度大宗货物，比如，矿产品、大宗散装货、化工产品、远洋集装箱等
铁路运输	大批量货物能一次性有效运送； 运费负担小； 沿轨道运输，事故相对少，安全； 铁路运输网完善，可运达各地； 受气候条件影响小，运输准时性较高	近距离运输费用高； 不适合紧急运输要求； 由于需要配车编组，中途停留时间较长； 非沿线目的地需要汽车转运； 装卸次数多，货损率较高	长途、大量、低价、高密度货物，比如，采掘工业产品、重工业产品、制造业产品、农产品等
公路运输	可以进行门到门运输； 适合近距离运输； 使用灵活，可以满足多种需要； 运送时包装简单、经济	装载量小，不适合大量运输； 长距离运输运费较高； 环境污染较严重； 燃料消耗大	中短距离具有高价值的加工制造品和日用消费品，比如，纺织和皮革制品、通信产品、零部件等
航空运输	运输速度快； 安全性高	运费高； 重量和体积受限制； 可达性差； 受气候条件限制	通常适用于长距离的高价、易腐烂或急需的商品
管道运输	运量大； 运输安全可靠； 连续性强	灵活性差； 仅适用于特定货物	中长距离、大批量的石油、天然气、煤浆等

五、交通运输发展历程与趋势

（一）国外交通运输发展历程

从交通运输业发展的侧重点和主要运输方式的角度考察，国外交通运输发展历程可划分为四个阶段。

1. 水上运输阶段（19 世纪 20 年代以前）

水上运输同以人力、畜力为动力的陆上运输相比，无论运输能力、运输成本还是方便程度等方面都处于优越地位，因而，在历史上水运的发展对工业布局影响很大。

2. 铁路运输阶段（19 世纪 20 年代—20 世纪 30 年代）

1825 年，世界上第一条铁路在英国斯托克顿至达灵顿间开通并投入公共客货运输，标志着铁路时代的开始。从此，工业布局摆脱了对水上运输的依赖，内陆地区工农业加速发展。

3. 公路、航空、管道运输阶段（20 世纪 30—50 年代）

由于公路、航空、管道运输的独特优势，极大地推进了这三种运输方式的发展，致使不少国家纷纷拆除现有铁路，改为发展公路、航空、管道运输。

4. 综合运输阶段（20 世纪 50 年代至今）

20 世纪 50 年代，人们开始认识到在交通运输的发展过程中，铁路、水运、公路、航空和管道这五种运输方式是相互协调、竞争和制约的。因此，需要充分协调各种运输方式之间的关系，形成综合运输体系。

（二）我国交通运输发展历程

中华人民共和国成立以来，我国交通运输业发展焕然一新，已有了很大的进步和改善。从交通运输业的建设目标、布局重点和网络特点来看，可以归纳为恢复与初步发展阶段、动荡发展阶段、复苏阶段、全面发展阶段以及目前的推进交通强国阶段。

（1）20 世纪 80 年代前的重点：组织运输、合理运输、联合运输、挖掘潜力。

（2）20 世纪 80 年代的重点：合理分工、协调发展、优先发展。

（3）20 世纪 90 年代的重点：基本网络构建、通道建设、枢纽性基础设施建设。

（4）21 世纪至今的重点：体系结构建设、衔接配合、结构调整。

目前，我国交通行业正在构筑起交通强国建设的"四梁八柱"。

1."四梁"

建设交通强国，要紧紧抓住高质量发展这个关键，在"四个着力"上狠下功夫：①着力推动交通运输发展质量变革、效率变革、动力变革，实现交通运输从高速增长向高质量发展的跨越升级，提高运输链综合效率；②着力服务人民、服务大局、服务基层；③着力建设人民满意的交通，不断增强人民群众的获得感、幸福感、安全感；④着力建设现代化交通，打造开放融合、共治共享、绿色智慧、文明守信的现代化交通体系。

2."八柱"

①构建综合交通基础设施网络体系；②构建交通运输装备体系；③构建交通运输服务体系；④构建交通运输创新发展体系；⑤构建交通运输现代治理体系；⑥构建交通运输开放合作体系；⑦构建交通运输安全发展体系；⑧构建交通运输支撑保障体系。

（三）交通运输业未来发展趋势

随着电子技术、信息技术、通信技术和系统工程等高科技在交通领域的广泛应用，客货运输信息管理、运输工具控制、运输安全等技术均将产生巨大的飞跃。21 世纪的交通运输将进一步呈现大型化、高速化、专门化、信息化、智能化、环保化等特征。

1. 铁路运输

21 世纪以后，铁路运输将在运输装备的快速化、智能化、专用化、大型化、通用化和绿色化为支撑的基础上，继续向客运高速化、货运快捷化及重载化、运营管理自动化、管理体制创新化发展。

2. 公路运输

（1）运输管理现代化。未来将向服务范围广阔、服务对象广泛等方向发展，形成以现代化货运站为节点的运输服务体系，采用先进的通信技术，达到规模化经营，实现优质、高效的运输服务标准。

（2）运输设备现代化。实现拖车化、车辆箱型化、车体合理化、汽车多功能化、低货台化、车厢轻质化、发动机柴油机化、高速化等。汽车的各项性能，包括动力性、操纵稳定性、燃料经济性、舒适性、制动性、可靠性，以及环境要求均在不断改进和优化之中。

（3）道路、场站等运输设施现代化。随着电子技术以及光导纤维、无线通信等先进技术的运用，使得运输生产向高度自动化管理系统发展，这对道路、场站等运输设施现代化提出了更高的要求。

3. 水路运输

（1）客货运方面，客运将以旅游观光为主，货运方面将继续推动货物集装箱化运输，降低交通成本。不完善、不健全、单一的船队结构抵御风险能力较低，未来优化船队结构是水运企业发展的方向。

（2）船舶方面，实现专业化、大型化和高速化。

（3）港口方面，港口建设将更加重视其与城市工业区发展的结合、港口与航运实行联盟战略、港口多功能化与交通中心化。

4. 航空运输

航空运输的发展将呈现航空运输全球化、经营区域集团化、航空公司大型化、航空公司联盟化与信息化等新的发展趋势。

5. 管道运输

（1）油气输送干线向长距离、大口径、高压力、大数量的方向发展。

（2）高强度、高韧性及可焊性良好的管材在管道建设中被普遍采用。

（3）管道建设向极地和海洋延伸，极地和深海蕴藏大量尚未开发的油气资源，这些是以后管道建设的重点区域。

（4）随着人类对油气资源需求的扩大，大型的供气系统逐步形成。

（5）油气水多相流体混输、天然气高压输送等管道输送的新技术渐趋成熟。

（6）油气管道的安全日益受到高度重视，安全技术标准要求更为严格。

第二节　交通运输工程概述

一、交通工程与运输工程

（一）交通工程

1. 概念

根据我国《交通工程手册》的定义：交通工程学是研究道路交通中，人、车、路、环境之间的关系，探讨道路交通规律，建立交通规划、设计、控制和管理的理论方法以及有关设施、装备、法律和法规等，使道路交通更加安全、高效、快捷、舒适的一门技术科学。

2. 研究内容

交通工程学研究对象为驾驶员、行人、车辆、道路和交通环境等，研究内容包括交通规划、交通特性、交通管理等。

（1）交通特性。包括车辆特性；驾驶员和行人的交通特性（主要指他们的心理因素、生理因素和反应能力等）；道路特性（如道路的数量、质量、道路增长速度与交通量增长速度的关系等）；交通量；汽车行车速度；道路通行能力等。调查研究这些交通特性，是为了揭示交通规律，据此编制交通规划，设计道路线形和实施交通管理。

（2）交通规划。在调查研究交通现状，预测未来的人口、社会经济和土地利用对交通的需要的基础上，制订交通规划。它是城市或区域总体规划中的一个组成部分。

（3）交通流。即车辆在道路上连续行驶形成的车流，可用流量、流速和密度（道路单位长度上含有车辆的数量，单位是辆/km）3个参数来描述。研究道路交通流的运行规律，可用于分析道路和各种交通设施的使用效果，并提出改进措施。

（4）道路线形设计。包括道路平面线形和纵断面线形、道路交叉口、道路景观、道路出入口和道路渠化设计。设计方针是保证行人和车辆安全、行驶畅通。

（5）交通管理。研究如何采用一系列手段正确处理交通中，人、车、路三者间的关系，保证交通安全，减少交通公害。

（6）交通安全。研究交通事故发生规律及产生原因，从而提出保障交通安全的措施。

（7）交通公害。指机动车辆排放废气和产生噪声及振动而造成的对公众的危害。研究防治公害的措施日益受到重视。

（8）交通节能。包括节能汽车的试制，省油公路的几何设计研究等。

3. 产生与发展

1930 年美国成立了交通工程师协会，标志着交通工程学科的诞生。初期主要探讨有关减少交通阻塞、保障交通安全和交通管理等问题；20 世纪 40 年代，注意到交通规划问题；50 年代，注意研究道路交通中，人、车、路三者的相互关系，创立了交通流理论；60 年代，开始在交通工程中应用计算机控制信号灯、处理资料和制订规划，并注意研究交通公害问题；70 年代，在交通工程领域引入系统工程的知识，研究大众捷运系统，倡导步行，对公共交通实行优惠政策；80 至 90 年代，研究内容多集中于交通管理方面，研究采用高新技术提高公路交通的安全度和通行能力、改善日益恶化的公路交通。近年来，交通工程集中于智能与智慧交通研究。

1979 年，上海率先在国内成立了交通工程学会，1980 年，北京交通工程学会成立。随后东南大学、同济大学、北京工业大学、西南交通大学、西安公路交通大学、哈尔滨建筑大学等院校相继设立了交通工程专业。

（二）运输工程

交通工程围绕“交通”，其关键词是工程、技术，主要开展交通工程规划、交通工程设计、交通地铁土建施工工程建设管理等方面研究。而运输工程围绕“运输”，其关键词是规划、管理，主要从事交通运输的规划与管理研究，对应本科专业为交通运输。

二、交通运输工程与交通运输工程学科

1. 交通运输工程的概念

交通运输工程是交通工程与运输工程的集成，主要研究铁路、公路、水路及航空运输基础设施的布局与修建、载运工具运用工程、交通信息工程及控制、交通运输规划与管理等领域的学科。

2. 交通运输工程学科分类及研究方向

根据国务院学位委员会学科评议组的发布，交通运输工程学科下设交通运输规划与管理、交通基础设施工程、载运工具运用工程、交通信息与控制工程、交通安全与环境等主干学科方向。大连海事大学交通运输工程学科在国务院学位委员会学科评议组指导设立的主干学科方向的基础上，结合了自身的海运特色，凝练了以下 7 个主干

学科方向。

（1）海上智能运输工程，系密切结合海上智能运输的新目标而增设。主要立足于海上运输系统，采用先进的信息技术、控制技术、安全技术、通信技术、人工智能技术等，建立起大范围内全方位发挥作用的智能化、安全、准确、高速的先进海上交通系统，达到提高运输效率、保障安全、减少污染等目的。

（2）海上信息与控制工程，对应交通信息与控制工程。主要通过海洋环境信息的自动感知、船舶运动智能鲁棒控制算法及工程，实现远洋运输更安全、高效、清洁、智能的目标。

（3）航海技术与海上交通安全，对应交通安全与环境，合并了原有的航海科学与技术和海上交通工程。"航海技术"以大型船舶智能操纵、自主控制和信息的自动感知为目标，使船舶航行更安全、高效、绿色；"海上交通安全"以海上（内河、航道）交通安全与环境为研究对象，研究目的为促进海上交通安全、提高航道交通效率、保证环境有序、保证环境安全及防止环境污染等。

（4）交通运输规划与管理。主要以交通运输规划理论与方法研究为基础，以海上航线规划、港口规划与生产调度、航运经济与管理、综合运输系统规划为重点，提高港航系统规划的科学性，提升港航企业运营效率，实现港航一体化，提高综合运输系统效率。

（5）物流工程与管理。主要包含 3 个方面：一是物流系统规划与管理，重点研究"一带一路"下的多式联运组织与管理，以及港口、航运、内陆集疏运之间的组织与协调等；二是港航物流系统优化与模拟仿真，重点研究智慧港口、智能码头、智能航运及内陆集疏运物流系统的优化技术与方法等；三是港航物流信息管理，重点研究港航物流系统的大数据分析方法、互联网 + 港航物流系统优化及运营管理等。

（6）海上交通基础设施工程，对应交通基础设施工程。主要基于先进的信息技术、控制技术、安全技术、软件技术、人工智能技术等，集成并将其应用于海洋基础设施系统中，从而建立起全方位的优化、安全、准确、合理的先进海洋交通结构设计评估系统，达到提高施工运行效率、保障安全、减少灾害等目的。

（7）高技术船舶运用工程，对应载运工具运用工程。主要研究智能交通中的船舶等载运工具的新能源技术和动力系统、船舶材料与表面工程技术、船机维护与再制造技术等。

3. 交通运输工程的研究范围

交通运输工程下设的主干学科方向实际上就是交通运输工程的研究范围。此外，也可按运输领域划分研究范围。

（1）铁路运输领域。包括铁道工程的勘查、设计、施工与养护，机车及车辆运用工程，铁路信息工程及控制，铁道运输规划、经营与管理等。

（2）道路运输领域。包括道路工程的勘查、设计、施工与养护，汽车运用工程，道路信息工程及控制，道路规划、经营与管理等。

（3）水路运输领域。包括港口、海岸工程及航道工程的勘查、设计、施工与养护，船舶运用工程，水路信息工程及控制，水运规划、经营与管理等。

（4）航空运输领域。包括机场工程的勘查、设计、施工与养护，航空器运用工程，航空信息工程及控制，航空运输规划、经营与管理等。

（5）管道运输领域。管道工程的勘查、设计、施工与养护，管道信息工程及控制，管道运输规划、经营与管理等。

（6）多式联运与综合运输领域。从多式联运与综合运输视角，注重各种运输方式集成与管理，以充分运用各种运输方式的优势。

第二章　绿色交通与平安交通

第一节　绿色交通

一、绿色交通的概念与兴起原因

（一）绿色交通的概念

绿色交通的基本概念涉及环境、经济和社会等多方面。对于交通部门而言，是否机动车污染排放量达到环保指标就可以称为“绿色交通”？对于居民而言，是否满足基本出行目的的公共交通就可以称为“绿色交通”？从另外一个角度看，当大量符合排放标准的小汽车出行造成了城市拥堵，导致居民因滞后的公共交通服务而造成生活质量下降时，这种交通是否仍被认为是“绿色交通”？早在2003年，原建设部与公安部就将绿色交通定义为适应人居环境发展趋势的城市交通系统。2017年，第三次联合国住房和城市可持续发展会议从人居环境视角提出交通领域应更加注重“人”这个要素，“以人为本”成为绿色交通发展的关键。因此，城市绿色交通应当是涵盖“人”“居”“环境”的综合，是复杂的系统。然而，“绿色交通”一词主要在中文语境下使用，国际上多表述为“可持续交通”，即提倡在多个维度上取得交通发展的平衡，包含代际间交通与资源需求的平衡，以及时空上的社会、经济和环境的平衡。

综上所述，结合人居环境科学理论和国外可持续交通发展理念，将绿色交通的内涵描述为自然环境、经济环境、社会环境和生活质量4个维度。自然环境维度侧重于资源节约与空气环境的高质量，经济环境维度主要保障资金成本与效率的平衡，社会环境维度保障交通安全和公平公正，生活质量维度体现为绿色交通应当提高居民的舒适度、便利度、满意程度和认同程度。基于上述内涵，本书认为，我国绿色交通是适应资源约束、注重经济与效率平衡及社会公正发展、能够提升城市居民生活质量的综合和平衡的交通系统。

（二）绿色交通的兴起原因

绿色交通提出于20世纪90年代，它是建立在可持续发展、环境科学、交通运输管理、生态经济学等理论基础之上的，是交通运输业发展的新趋势。

1. 交通对环境造成的危害

（1）交通工具本身产生的噪声污染、大气污染、水体污染。

①噪声污染。交通噪声主要由飞机、火车、轮船和公路机动车等运输工具产生，尤其是城市道路机动车的交通噪声，它是由多个噪声源产生，包括发动机、轮胎、排气管和喇叭等。

②大气污染。汽车、火车、飞机、船舶等运输工具在排气过程中会产生许多有害成分，严重污染大气。空气污染物中很大一部分来自汽车，特别是汽油车，而飞机、铁路机车和船舶的空气污染影响相对较小。

③水体污染。交通水体污染源主要有船舶的排污水、油轮漏油等事故，其次是港区排到水域内的工业废水和生活污水。若一段河流受到污染，会影响整个河道的生态环境，同时河水中的污染物还会通过饮水、食物链和河水灌溉的农产品危害动物和人类的身体健康。而污染的海水被水生物浓集后，会通过海洋生物食物链影响人体的健康。

（2）不合理的货运网点及配送中心布局，导致货物迂回运输，增加了车辆燃油消耗，加剧了废气和噪声污染。

（3）集中库存产生了较多的运输，从而增加了燃料消耗和对道路面积的需求，破坏生态。从环境角度看，即时配送（JIT）要远程实施就必须大量利用公路网，使货物运输从铁路转到公路，增加了燃油消耗，带来空气污染、噪声污染等，从而使环境遭到破坏。

此外，交通公害还包括危险品运输事故产生的土壤污染、环卫运输和牲畜运输中的恶臭、核动力运输工具造成的放射性辐射等。

2. 人类环境保护意识的觉醒

20世纪60年代以来，人类的环境保护意识开始觉醒，十分关心和重视环境问题。消费者不仅关心自身的安全和健康，还关心地球环境的改善，拒绝接受不利于环境保护的产品、服务及相应的消费方式，进而促进了绿色交通的发展。

3. 各国政府和国际组织的倡导

各国政府在推动绿色交通发展方面所起的作用主要表现在以下几个方面。一是追加投入以促进环保事业的发展；二是组织力量监督环保工作的开展；三是制定专门政策和法令来引导企业的环保行为。联合国环境规划署、世界贸易组织贸易与环境委员会等国际组织召开了许多环保方面的国际会议，签订了许多环保方面的国际公约与协定，也在一定程度上为绿色交通发展铺平了道路。

4. 经济全球化潮流的推动

随着经济全球化的发展，一些传统的关税和非关税壁垒逐渐淡化，环境壁垒逐渐兴起。外资交通运输企业已进入我国市场，我国交通运输市场竞争日趋激烈。因此，经济全球化是我国交通运输业加紧发展绿色交通、应对未来挑战和在竞争中占得先机的重要机遇。

5. 现代交通运输业可持续发展的需要

绿色交通不只是通常意义的降低运输成本，更重要的是提倡交通运输的绿色化、节能高效和少污染，由此可以带来交通运输经营成本的大幅度下降。

二、发达国家城市绿色交通发展的特征及经验

1. 形成多模式、多层次的绿色交通系统

（1）整合传统和新型绿色交通方式，形成“大运量公共交通 + 高品质慢行交通 + 低碳清洁个性供给交通”的多模式绿色交通系统，满足居民多样化的出行要求。

（2）考虑不同城市的空间尺度和出行目的，形成契合城市空间形态和出行特征的多层次绿色交通网络，具有“便捷衔接点 + 分级结构线网 + 精细化服务”的特征，满足居民长、中、短距离的出行需求。

2. 土地利用和城市绿色交通一体化规划与开发

发达国家充分考虑绿色交通系统（尤其是公共交通系统）与用地规划之间的衔接整合。宏观层面，国外土地利用与公共交通的动态互动可划分为以下 3 种类型。

（1）公共交通引导城市用地发展。公共交通的建设加速土地利用形式的转变，提高土地利用的效率，促进和引导用地向高收益的类型转变，这种方式在多数发达国家的大城市中均有体现，如哥本哈根、斯德哥尔摩。

（2）公共交通系统顺应城市，以低密度、分散化的土地利用模式带动公共交通的发展，如卡尔斯鲁厄。

（3）公共交通系统与城市土地利用互动发展，多存在于强中心、多中心布局的城市（如苏黎世、库里蒂巴），反映为土地利用、交通需求和公共交通系统的动态循环发展。

3. “推拉制”与智能化需求管理出行

“推”即同时限制私家车的拥有和使用，降低其吸引力。例如，新加坡的交通拥堵收费政策依据私家车聚集的时空特征进行波动收费，并借助成熟的技术进行智能化管理。

“拉”即采用增加基础设施、改善物质空间出行环境、进行财政补贴及动态调整价格等方式提升绿色交通出行的吸引力。例如，巴黎的绿色街区制度，通过限制机动车速度，完善和优化绿色交通服务，实现了精细化和差异化的出行需求政策分区。总体来说，出行需求管理的“推拉制”既相互独立，又相互联系，依托于大数据、云平台等计算机技术协同发挥作用。

三、推进我国绿色交通发展的对策

2017 年 11 月 27 日，交通运输部印发了《关于全面深入推进绿色交通发展的意见》（以下简称《意见》），明确了绿色交通的总体要求和发展目标，提出了全面推进实施绿色交通发展七大工程和构建绿色交通发展三大制度保障体系。

1. 七项重大工程

（1）运输结构优化工程。优化运输结构是提升交通运输整体运行效率、节约能源、降低排放量最有效的手段，也是从根本上解决交通运输生态环境问题、推动行业绿色发展的关键所在。《意见》重点提出了统筹交通基础设施布局、优化旅客运输结构、改善货物运输结构等任务，力争优化涵盖铁、公、水、航的整体交通网络布局、促进形成以高速铁路和城际铁路为主体的大容量快速客运系统，理顺货物运价机制，发挥铁路在大宗物资远距离运输中的骨干作用，逐步减少重载柴油货车在大宗散货长距离运输中所占比重。

（2）运输组织创新工程。《意见》重点提出了推广高效运输组织方式、提高物流信息化水平、发展高效城市配送模式等任务，鼓励大力发展多式联运、江海直达、滚装运输、甩挂运输、驼背运输等先进运输组织方式，鼓励“互联网 +”高效物流等业态创新，深入推进道路货运无车承运人试点，并创新性提出城市配送领域引导企业发展统一配送、集中配送、共同配送等集约化组织模式。

（3）绿色出行促进工程。《意见》重点提出了全面开展绿色出行行动、深入实施公交优先战略、加强绿色出行宣传和科普教育等任务，积极鼓励公众使用绿色出行方式，加强城市慢行系统建设，全面推进“公交都市”建设，扩大公共交通覆盖面，启动全国绿色交通宣教行动，深入宣贯相关理念、目标和任务，让绿色出行成为风尚。

（4）交通运输资源集约利用工程。《意见》重点提出集约利用通道岸线资源、提高交通基础设施用地效率、促进资源综合循环利用、推广应用节能环保先进技术等任务，包括推进交通通道资源、岸线及航道资源、土地资源集约利用，推进钢结构桥梁建设、建筑材料和水资源等循环利用，加快机械装备“油改电、油改气”、隧道桥梁节能、铁路机车和飞机节能等先进技术推广应用。

（5）高效清洁运输装备升级工程。《意见》重点提出推进运输装备专业化标准化、推广应用新能源和清洁能源车船等任务，包括加快推进内河船型标准化、淘汰老旧船舶、鼓励应用新能源车辆、完善公路网充电设施和内河高等级航道加气设施等内容。

（6）交通运输污染防治工程。《意见》针对绿色交通发展制约性强、群众反映突出的行业环境污染排放问题，以港口、船舶、营运货车为重点管控对象，进一步深化提出强化船舶和港口污染防治、强化营运货车污染排放的源头控制等任务，提出适时研究建立排放要求更严、控制污染物种类更全、空间范围更大的排放控制区政策，研究建立京津冀、长三角区域道路货运绿色发展综合示范区。

（7）交通基础设施生态保护工程。《意见》重点推进绿色基础设施创建、实施交通廊道绿化行动、开展交通基础设施生态修复等任务。

2. 三大体系

（1）绿色交通制度标准体系。《意见》提出：建立分层级、分类别、分方式的绿色交通规划体系，完善绿色交通标准体系。

（2）绿色交通科技创新体系。《意见》提出：强化绿色交通科技研发，要求加快科技联合攻关，在部分重点领域取得突破性科研成果。同时还提出加快先进成熟适用绿色技术的示范、推广与应用，利用先进信息技术提升交通运输运行效率。

（3）绿色交通监督管理体系。《意见》提出：提升行业节能环保管理水平，要求推动各级交通运输主管部门加强绿色交通管理力量配备。同时还提出强化船舶污染物排放监测监管，要求推动建立港口和船舶污染物排放、船舶燃油质量等方面的部门间的联合监管机制，强化船舶大气污染物监测和执法能力建设。

第二节　平安交通

一、交通安全

1. 交通安全的概念

安全的概念有广义与狭义之分。广义安全，泛指生产及生活、生存等各个领域的安全，包括人自身的健康与卫生，生活、生产环境的舒适与优美，具有较强的社会性。狭义安全，是针对某一特定领域或系统的安全，具有较强的技术性，通常包括两方面的含义：一是指不发生人员伤亡和（或）设备财产损失；二是指不发生职业危害。对于前者常称为“劳动安全”或“职业安全”，对于后者则称为“劳动卫生”或“职业卫生”。

一般而言，交通安全属于狭义安全。参照以上定义，可将交通安全定义为交通运输活动过程中，能将人身伤亡、财产损失、环境损害控制在可接受水平的状态。交通安全意味着人、物或环境因交通运输所遭受损失的可能性是可以接受的，若这种可能性高于可接受的水平，即为不安全。

上述定义表明，交通安全具有以下内涵。

（1）交通安全是在一定危险条件下的状态，并非绝对没有交通事故发生。

（2）交通安全不是瞬间的结果，而是对交通运输系统在某一时期、某一阶段过程或状态的描述。

（3）交通安全是相对的，绝对的交通安全是不存在的。可以这样理解：只要将诱发风险事故的各种风险因素消除或控制在可控范围内，就是安全。但是风险因素层出不穷，是无法根除的，所以强调安全必须是一个永恒的主题。

（4）对于不同的时期和地域，可接受的损失水平是不同的，因而衡量交通运输系统是否安全的标准也不同。

在实践中，与风险度相对应，度量安全的概念称为“安全度”。人的身心安全程度及事物保障的可靠程度构成安全度的概念，安全度就是免于危险的客观程度。确立安全度的概念是确立安全科学的概念的具体表现，也是安全达到科学分析高度的必要前提。

2. 交通安全性的概念

交通安全性定义为“不发生事故的能力”，是指交通运输系统在可接受的最小事故损失条件下发挥其功能的一种品质。

（1）交通安全性与交通安全的区别。

交通安全与交通安全性的概念是有很大区别的，前者是交通运输系统的状态或条件，后者则是交通运输系统的一种性能，而交通安全工作者最主要的任务，就是结合管理和技术等各种手段和措施，努力提高交通运输系统的安全性，减少因交通运输事故造成的损失。

（2）交通安全性与交通可靠性的区别。

交通可靠性，是指交通运输系统在规定的条件下，可实现规定性能的可能程度。交通可靠性是针对交通运输系统的功能而言，交通可靠性技术的核心是失效分析；而交通安全性是针对交通运输系统损失而言，交通安全性技术的核心是风险分析。危险与损失有关，而失效仅是某一项目的某些功能的丧失（或称非预期状态），可能不会造成损失。例如，载运工具内裸露的电线，没有失效时是可靠的，仅存在着人触电的危险，是不安全的。所以失效不等于危险，可靠不等于安全，交通可靠性与交通安全性不能等同。当然，失效或故障有时也会造成损失，甚至导致系统发生灾难性的事故。比如，飞机在空中飞行时，因发动机故障停机就可能导致飞机坠毁事故的发生，这时失效或故障就成为危险了。也就是说，当故障或失效的发生会导致事故时，提高交通运输系统的可靠性会同时提高其安全性。所以，交通安全性与交通可靠性有着极其密切的关系，在进行交通运输系统安全性分析时，也需要应用可靠性的数据，某些安全性分析方法也源于可靠性分析。

3. 交通安全的属性

交通安全的属性包括自然属性与社会属性，二者是不可分割的，交通安全的属性正是自然属性和社会属性的耦合点。交通安全的自然属性和社会属性的耦合过程，也是在追求其在一定时期、一定条件下的为人们所接受的耦合条件。

4. 交通安全与交通风险、交通事故的关系

（1）交通安全与交通风险的关系。

交通安全实际上是可接受的交通风险，表明交通安全管理的对象即为交通风险。一方面双方互相排斥、互相否定，越安全，交通风险就越小，越不安全，交通风险就越大；另一方面交通安全与交通风险两者互相依存，共同处于一个统一体中，存在着向对方转化的趋势。

（2）交通安全与交通事故的关系。

一是交通安全与交通事故是对立的，但交通事故并不是不安全的全部内容，而是在安全与不安全的矛盾斗争过程中某些瞬间突变结果的外在表现。

二是交通运输系统处于安全状态，并不一定不发生交通事故；交通运输系统处于不安全状态，也未必完全是由交通事故引起的。

5. 交通安全的特点

交通安全，除具有系统性、相对性、依附性、间接效益性、长期性和艰巨性等安全的普遍特性之外，还有其自身特殊性。

（1）交通安全的动态性。一系列交通安全问题，都是围绕运输设备在线路（航道）上的定向运动而展开的，因而具有极强的动态性。

（2）交通安全失控的严重性。处于高速运动状态的运输设备，一旦发生设备异常或人为操作失误，可供纠正和避免事故的时间很短，可供选择的应急方式也有限。加之运输线路、运输设备等硬件设备的成本较高，运输设备对旅客和货物的承载量很大，交通事故不仅会造成巨大的财产损失、人员伤亡和环境破坏，而且运输中断将波及运输网络，打乱运输秩序，影响社会生产和运输。

（3）交通安全问题的反复性。交通运输生产具有连续性、周期性和季节性的特点，由于受交通运输总体技术和管理水平的制约，各种事故和不安全状况的产生也具有一定的惯性和反复性。如铁路运输中的两冒错排、断轨、断轴等惯性事故，是困扰交通安全的主要问题。

（4）交通安全对交通管理的依赖性极强。交通运输系统是复杂的人－机动态系统，各工种和各环节的协同配合离不开严格有效的管理。因此，交通安全在很大程度上取决于管理的效能。

（5）交通安全的复杂性。交通运输是在一个开放的环境中进行的，其过程有较大的空间位移和较长的时间延续。社会环境及社会政治经济状况等与交通安全状况密切相关，而且难以预测和控制。因此，交通安全的综合治理涉及面广、难度大。

6. 交通安全的影响因素

交通安全的影响因素错综复杂，涉及面很广。从系统论的观点出发，与交通安全有关的四大要素是人、设备、环境和管理。其中人是交通安全的核心，设备是交通安全的基础，环境是交通安全的外部条件，而管理则是在一定技术经济和社会条件下交通安全的关键。

二、交通安全管理

1. 交通安全管理的概念与构成要素

交通安全管理，是指以国家的法律、规定和技术标准为依据，采取各种手段，对交通运输系统的安全状况实施有效制约的一切活动。

交通安全管理应具备以下五个基本要素。

（1）主体。它是指交通安全管理活动的行为主体，包括政府、企业、社会团体、公众等。

（2）环境。它是指交通安全管理活动的物质环境，包括自然环境、空间环境等。

（3）资源。它是交通安全管理活动的基础，包括人员、装备、技术、资金等。

（4）制度。它是交通安全管理体系有效运转的保障，包括法律、法规、规划、标准等政策，以及激励、竞争、评价和监督等机制。

（5）文化。它是维系和促进交通安全的软环境，包括交通安全文化观念、安全氛围等基本环境，以及参与市场竞争与合作的开放的外部环境。

在这五个基本要素中，交通安全管理主体是交通安全中最重要的能动要素，其他要素均为支撑保障要素，服务于能动要素。交通安全管理的环境、资源、制度以及文化等要素可以分为两类。

一类是硬条件，主要指各种交通安全管理的环境与资源，保证交通安全管理活动得以开展，是交通安全管理的物质基础；另一类是软条件，由交通制度和安全文化构成，是交通安全管理活动能够持续进行的软环境支撑要素，构成交通安全管理的有效机制，其中，交通安全文化起到支撑作用，交通安全制度起到保障作用。

交通安全管理的主体、环境、资源、制度与文化等要素共同作用、协调互动、有机配合，形成交通安全管理体系的自我平衡发展机制，推动交通系统形成持续安全保障能力。

2. 交通安全管理的特点

（1）长期性。交通安全管理问题产生于交通安全活动过程中，存在于交通安全活动的始终。因此，交通安全管理是一项经常的、艰苦细致的、长期的工作。

（2）科学性。交通安全管理有它的自身规律性，不以人们的主观意志为转移。只有尊重科学，学习和掌握有关交通安全管理的科学知识，逐步掌握它的规律性，重视和加强交通安全管理，才能取得交通安全管理的主动权。

（3）系统性。交通安全管理既有自身的特点，又渗透融合于其他管理之中，构成了交通安全管理的专业体系。

（4）预防性。交通安全管理树立预防在前的思想，把防止和避免事故的措施抓好，就可以减少事故的发生。

（5）专业性。一个社会若要长期实现交通安全目标，必须遵循与交通安全有关的法律、法规、标准、规范，形成具有专业性和自身特点的交通安全管理体系。

（6）全员性。交通安全管理是一项与广大群众切身利益紧密相连的工作。只有人人增强交通安全意识，自觉遵守各项法律法规，交通安全管理才有坚实的基础。

3. 交通安全管理的分类

（1）宏观的交通安全管理与微观的交通安全管理。

宏观的交通安全管理，泛指国家及各级交通管理部门从政治、经济、法律、体制、组织等各方面所采取的安全措施和管理活动。

微观的交通安全管理，是指交通管理部门以及企事业单位所进行的具体的交通安全管理活动。

（2）广义的交通安全管理与狭义的交通安全管理。

广义的交通安全管理，泛指交通运输生产过程中所有保护人员安全与健康、防止财产受到损失的管理活动。从这个意义上讲，交通安全管理，不仅要防止交通运输过程中的人员意外伤亡和财产损坏，也要对危害交通运输劳动者健康的一切因素（尘毒、噪声、辐射等物理、化学危害）进行对抗。

狭义的交通安全管理，是指在交通运输过程中，或在与交通运输有直接关系的活动中，防止意外伤害和财产损失的管理活动。

在欧美各国，并没有交通安全管理、交通劳动保护的称谓，而统称为交通职业安全与卫生。

4. 交通安全管理与交通风险管理、交通应急管理的区别

（1）交通安全管理与交通风险管理。

交通安全管理主要是指如何采取措施以防止在交通运输过程中发生各类货运事故，其管理对象主要是交通运输过程中所产生的各类风险。而交通风险管理的核心就是保证整个交通运输过程的安全，它涉及对交通运输过程面临的所有风险进行管理，因而交通安全管理的范围通常不如交通风险管理的范围大。不过，由于交通风险恰恰是交通安全管理的对象，因此，目前的交通安全管理大多吸收交通风险管理的理论与实践。

交通风险管理是指合理地使用各种交通风险应对措施和管理方法对风险实行有效的控制，妥善处理交通风险事件造成的不利后果，以最少的成本保证总体目标实现的交通风险管理工作。

（2）交通安全管理与交通应急管理。

交通安全管理关注的是如何通过科学的设计、规范的管理来避免突发事件的发生和增强对突发事件的承受与抵抗能力；交通应急管理的侧重点则在于突发事件即将发生或者已经发生时如何控制事件抢救承载体。交通安全管理的措施一般是常规的措施；交通应急管理的措施一般是临时性的措施，一旦交通运输系统恢复常态，交通应急管理措施就会被取消。交通安全管理与交通应急管理也存在交叉，当交通运输系统出现问题，变得不安全的时候，则需要对其进行应急处置。

三、交通安全管理体系

交通安全管理体系实际上由时间维、空间维、内容维组成。

从时间上分类，可确定交通安全管理体系的轴向结构，可由预防体系、保障体系、救援体系三部分组成。

从空间上分类，可确定交通安全管理体系的多维结构，可分为战略层、管理层、操作层三个层次。

从研究内容分类，每个管理体系又可细分为理论体系、技术体系、管理体系三个层次。

（一）交通安全预防体系

交通安全预防体系，是指从预防理论体系、预防技术体系、预防管理体系三个层次建立交通运输事故综合预防体系，为交通运输系统创造一个安全的环境。

1. 交通安全预防理论体系

交通安全预防理论体系是针对交通事故特性，基于事故预防的普遍性机理构建的一套理论体系，旨在为技术体系的开发及管理体系的构建提供理论基础。

（1）行为冲突机理。事故的发生是系统行为冲突的过程。行为冲突的原因很多，比如，生理原因、心理原因或系统原因等。如何及时识别系统行为冲突，如何构建系统行为规范体系与预防体系，如何对行为冲突做出快速响应，这是行为冲突分析所要研究的关键问题。

（2）风险源辨识机理。风险源辨识机理侧重于从微观角度研究交通系统行为冲突中的风险因素及其转化条件，通过建立事故模型模拟交通运输事故的发生机理。

（3）风险效应机理。风险效应机理研究交通运输事故类型及其影响范围，根据对该事故发生概率与损失程度的评估，合理规划预防性投入与事故整改投入的关系，确定合理的投资结构。

（4）风险分级预防机理。交通运输事故的类型、发生概率以及可能的损失程度有很大差异，如何根据不同类型的事故采取不同的预防措施，使事故的发生概率及其损失程度保持在可接受的水平之内，是分级预防机理研究的核心所在。

2. 交通安全预防技术体系

交通安全预防技术体系是交通安全预防理论体系在技术层面的延伸，该体系由安全预测技术、安全规划技术、安全设计技术以及安全评价技术组成。其中，安全预测技术和安全评价技术主要实现对交通运输系统的安全评估，明确交通运输系统的安全目标。安全规划技术与安全设计技术则分别从宏观角度与微观角度对交通安全进行合理规划与安全设计。

3. 交通安全预防管理体系

交通安全预防管理体系的构建是基于预防基础理论的分析以及技术条件的支撑，实现对交通安全“点、线、面”预防的综合管理模式，主要分为安全标准体系、安全教育体系、安全监督体系以及安全机制协调体系。

（二）交通安全保障体系

相比交通安全预防体系，交通安全保障体系具有更强的可操作性与时效性。保障的有效与否，直接决定着事故的发生与否。

1. 交通安全保障理论体系

交通安全保障理论体系从理论角度分析交通系统中人的职业适应性机理、设备可靠性机理、系统结合部匹配机理以及系统的阶段性机理，构建有前瞻性的、对实际操作有很强指导意义的系统理论体系。

（1）人的职业适应性机理。交通运输系统中的人处于安全主导地位，同时也是最不稳定的因素。研究交通运输系统中人的职业适应性，对于交通运输系统中各子系统人员的培训、选拔有重要的指导意义。

（2）设备可靠性机理。交通运输车辆、设备的良好运行状态是实现交通运输系统安全的必备条件。设备可靠性机理主要研究设备的性能可靠性、结构可靠性、匹配可靠性等，是交通运输设备安全运转的基础理论。

（3）系统结合部匹配机理。交通运输系统是由储存、配送、包装、流通加工、信息等多个子系统构成的复杂系统。交通运输系统的安全有赖于各子系统的有效匹配。

（4）系统的阶段性机理。交通运输安全在宏观层面总是处于一定的发展阶段，对于不同的发展阶段，安全管理的策略、目标等有所不同。交通运输安全发展阶段的划分，有利于明确交通安全目标，从而建立相应的交通安全保障体系。

2. 交通安全保障技术体系

交通安全保障技术体系直接参与交通运输安全保障，其核心在于强调实时性、联动性以及系统性，主要由感测技术、通信技术、计算机技术及控制技术四部分构成。其中，感测技术和控制技术是交通系统的外部接口，通信技术与计算机技术则是对采集的信息进行传输和再处理，实现对交通系统的实时监测与控制，有效地保障交通运输安全。

3. 交通安全保障管理体系

交通安全保障管理体系是交通安全保障理论体系、交通安全保障技术体系在安全培训、设备质量保障、安全规章制度以及安全考核激励机制方面的有机整合。包括安全培训保障机制、设备质量保障机制、安全规章制度机制、安全考核激励机制。

（三）交通事故处理及救援体系

交通事故处理及救援体系是交通安全预防体系、交通安全保障体系失效情况下的一种“补救”体系，其目标在于最大限度地降低事故的严重程度。事故发生后，如何在最短的时间内抢救伤者、减少延误和恢复正常运营是交通事故处理及救援体系重点研究的问题。

1. 交通事故处理及救援理论体系

交通事故处理及救援理论体系是基于生命体征、救援预案、联动调度以及事故再现等方面的基础性理论研究，其目的在于为技术体系、管理体系以及法律法规体系的建立提供理论依据。

2. 交通事故处理及救援技术体系

交通事故处理及救援技术体系基于交通事故处理及救援理论体系，融合了应急救援前台技术以及应急救援后台技术，其核心在于强调联动性、快速性。包括救援车技术、线路开通技术、事故勘查技术、事故再现技术。

3. 交通事故处理及救援管理体系

交通事故处理及救援体系是基于事故档案、救援人员培训、救援资源以及事故应急等建立起来的一套管理体系。包括事故档案管理、人员培训管理、救援资源管理、事故应急管理。

一般而言，交通应急管理框架是围绕着“一案三制”展开的。

（1）“一案”是指应急预案，就是根据可能发生的突发事件，事先研究制订的应对计划和方案。应急预案包括各级政府总体预案、专项预案和部门预案，以及基层单位的预案和大型活动的单项预案。预案是交通应急管理的龙头，是“一案三制”的起点。预案具有应急规划、纲领和指南的作用，是应急理念的载体。

根据相关法律法规的要求，结合交通突发事件分类分级，交通突发事件应急预案体系应“纵向到底，横向到边”。

所谓“纵”，就是按垂直管理的要求，从国家、省到市等交通主管部门及交通企业都要制订应急预案，不可断层。

所谓“横”，就是所有种类的交通突发公共事件都要有部门负责，都要制订专项预案和部门预案，不可或缺。相关预案之间要做到互相衔接、逐级细化。预案的层级越低，各项规定就要越明确、越具体，避免出现“上下一般粗”现象，防止照搬照套。

以我国水路交通突发事件应急预案体系为例，具体包括国家水路交通突发事件应急预案及各专项应急预案，地方水路交通突发事件应急预案及各专项应急预案，以及港航企业应急预案。

（2）“三制”是指应急工作的管理体制、运行机制和法制。管理体制是组织方式，运行机制是工作方法，法制是保证。

①管理体制。图 2–1 为水路交通应急管理体制框架。由图可见，该框架分为决策层、组织层和执行层。

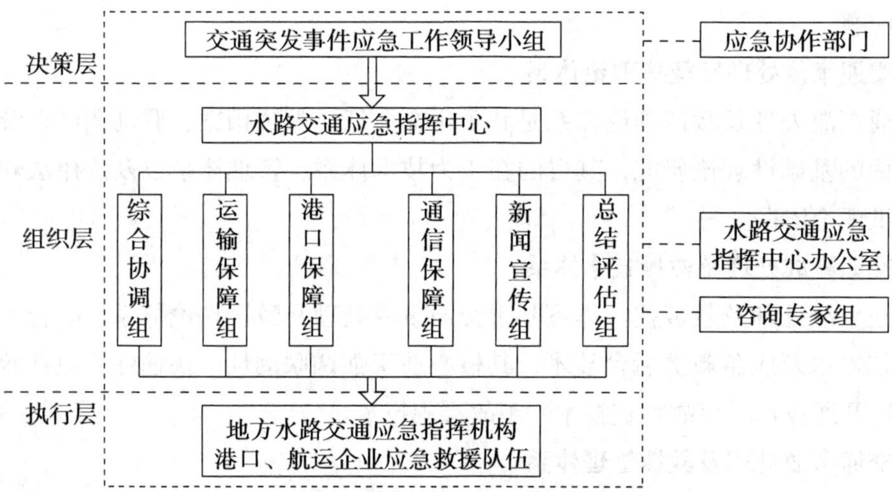

图 2–1　水路交通应急管理体制框架

②运行机制。应急工作的运行机制包括预警和预防机制、应急响应、恢复与重建。

预警和预防机制通过监测与收集突发事件相关信息，进行分析预测，并作出相应判断，发布预警信息，采取预防措施。它包括预警支持系统和预警级别。以水路为例，为便于对突发事件进行预警，根据已经发生或潜在的水路运输事件、社会安全事件、自然灾害、公共卫生事件、紧急运输事件等对港口和航道可能造成的危害程度、紧急程度和发展态势等，水路交通突发事件预警级别分为特别严重（Ⅰ级）、严重（Ⅱ级）、较重（Ⅲ级）和一般（Ⅳ级）四级，分别用红色、橙色、黄色和蓝色来表示。港口突发事件预警级别判断标准详见表 2–1。

表 2–1　　港口突发事件预警级别判断标准

预警级别	级别描述	颜色标示	发生可能性较大的事件
Ⅰ级	特别严重	红色	重要港口瘫痪，发生易燃易爆气体、油类、危险化学品大范围燃烧爆炸事故或大范围有毒物泄漏造成 30 人以上死亡，特大环境污染等
Ⅱ级	严重	橙色	重要港口局部瘫痪，一般港口瘫痪，发生易燃易爆气体、油类、危险化学品大范围燃烧爆炸事故或大范围有毒物泄漏造成 10 人以上 30 人以下死亡，重大环境污染等
Ⅲ级	较重	黄色	重要港口受损，一般港口堵塞，港口装卸设备设施、输送管线、废弃物处理装置发生严重火灾事故，有毒物泄漏造成 3 人以上 10 人以下人员伤亡，油污泄漏造成附近水域污染事故等
Ⅳ级	一般	蓝色	港口受损、人员伤亡，发生小范围中毒事故（未出现人员昏迷），油污泄漏造成小范围水域污染，危险物料（易燃易爆气体、油类、有毒有害或易爆的危险化学品）轻微泄漏事故等

应急响应的基本流程见图 2–2。

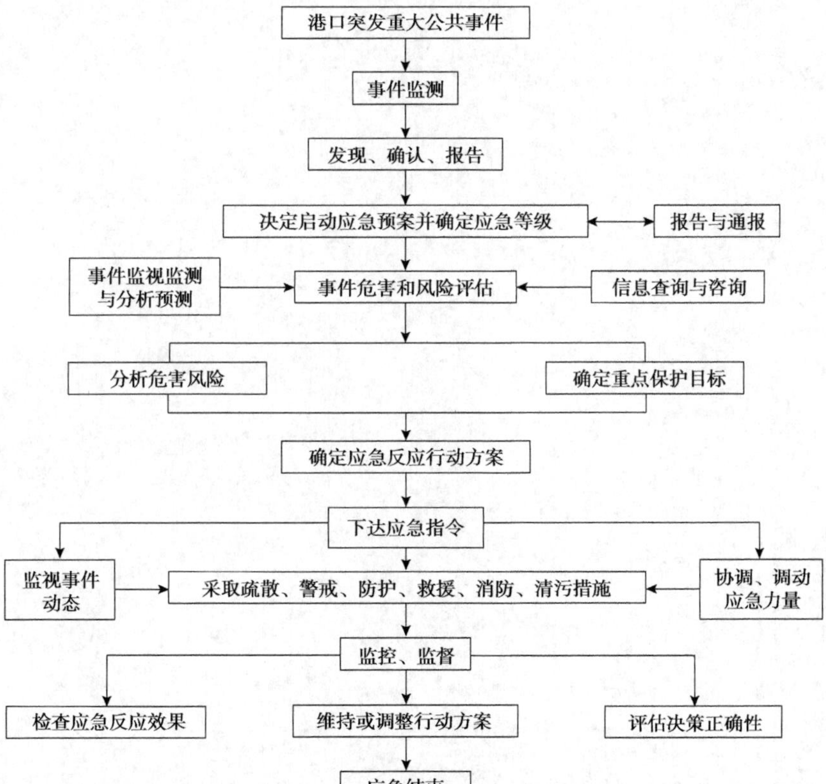

图 2–2　应急响应的基本流程

恢复与重建包括善后处置、总结评估、奖惩执行。

③法制。法律手段是应对交通突发事件最基本、最主要的手段。以水路交通为例，为确保水上交通安全，我国交通运输部颁布了《国家海上搜救应急预案》和《水路交通突发事件应急预案》，健全和完善了应急响应体系。

第三章　多式联运与综合运输

第一节　多式联运

一、多式联运的概念与构成要素

（一）多式联运的概念

（1）广义的多式联运。它是指多式联运经营人按照多式联运合同，以至少两种不同的运输方式，将货物运送到目的地的过程。广义的多式联运主要强调各种运输方式之间的无缝衔接，对所用的载体未做限制。具有代表性的有国际航运商会制订的《联合运输单证统一规则》、联合国国际联运会议通过的《联合国国际货物多式联运公约》、美国的《陆路复合运输效率法案》和我国的《物流术语》所界定的多式联运。

（2）狭义的多式联运。它是指多式联运经营人按照多式联运合同，采用集装箱、可拆卸箱体和半挂车等标准化运载单元或道路车辆，以至少两种不同的运输方式，将货物运送到目的地的过程。狭义的多式联运强调两种或多种运输方式在接续转运中，以某种标准化的运载单元或道路车辆为载体，从而更好地发挥多式联运的效率。代表性的是欧盟的《组合运输术语》和我国《货物多式联运术语》（JT/T 1092—2016）所界定的多式联运。显然，目前集装箱多式联运、驮背运输、滚装船运输等均属于狭义的多式联运。

（二）多式联运的构成要素

构成多式联运的必要条件可概括为“两种方式、一份单证、一人负责”。若是国际多式联运，还需要增加“两个国家”。

1. 两种方式

严格来讲，这里所称的运输方式是指铁路、公路、水路、航空、管道五种运输方式。不过，在实践中，有时会根据需要对运输方式进行扩大或缩小的解释。比如，我国《中华人民共和国海商法》仅将包含海运方式在内的多式联运纳入管辖范畴，排除了公铁、陆空等多式联运形式；1973 年，国际航运商会制订的《联合运输单证统一规则》将江海联运视为多式联运，纳入其管理范畴。此外，《联合国国际货物多式联运公约》将全程适用某一种运输方式法规的接送业务排除在多式联运之外，以避免多式联运法规同单一运输方式法规在这个问题上的矛盾。比如，全程签发航空运输单证的情况下，机场两端的汽车接送货物的运输业务（俗称“卡车航班”），从形式上看已构成陆空组合形态，但由于签发了包括全程运输在内的航空运输单据，因而即使货运事故发生在陆运区段，仍会按航空运输方面的国际公约或法规处理，因此，将其排除在《联合国国际货物多式联运公约》之外。

2. 两个国家

两个国家是指货物的接收地和交付地位于不同的国家，这区别于国内运输，也是区分是否适用于国际法规的限制条件。也就是说，在国际多式联运方式下，货物运输必须是跨越国境的一种国家间的运输。

3. 一份单证

一份单证是指由多式联运经营人签发一份多式联运单证。在实践中，作为多式联运合同证明的多式联运单证往往取代多式联运合同，成为多式联运必不可少的条件，其原因在于：首先，就货主而言，买卖双方在贸易合同中大多将多式联运单证作为结汇、提货的必备单证；其次，现阶段双方大多不再签订多式联运合同，而是签署托运单，由于托运单并未规定承托双方的权利、义务与责任，这就需要签发多式联运单证，以证明多式联运合同的存在并明确合同的条款。

4. 一人负责

一人负责是指由一个多式联运经营人作为当事人，承担全程货物运输责任。这意味着，多式联运经营人不但应该承担全程运输组织、全程运输服务（如向货主提供一次托运、一次付费、一票到底、统一理赔的一站式服务），而且应该实现“身份”的转变，成为多式联运合同的当事人和多式联运单证的签发人，负有履行多式联运合同的责任。

《联合国国际货物多式联运公约》规定多式联运经营人（Multimodal Transport Operator，MTO）是指其本人或通过其代表订立多式联运合同并且承担履行合同责任的人。作为负责人而不是发货人的代理人或参加多式联运的承运人的代理人或代表并且承担履行合同责任的人。在实践中，多式联运经营人也可以称为多式联运承运人（Multimodal Transport Carrier，MTC）。

上述规定表明，国际多式联运经营人是指本人或者委托他人以本人名义与托运人订立一项多式联运合同，并以承运人身份承担完成此项合同责任的人。

根据是否拥有运输工具、场站设施，国际多式联运经营人可以分成以下三类。

（1）承运人型。这类国际多式联运经营人拥有船舶、汽车、火车或飞机等运输工具。他们与货主订立国际多式联运合同后，除了利用自己拥有的运输工具完成某些区段的实际运输，对于自己没有或不在经营的运输区段内则需要通过与相关的承运人订立分包合同来实现该区段的运输。这类国际多式联运经营人既是契约承运人，又是一个或几个区段的实际承运人。

（2）港站经营人型。这类国际多式联运经营人拥有货运站、堆场、仓库等场站设施。他们与货主订立国际多式联运合同后，除了利用自己拥有的场站设施完成装卸、仓储服务，还需要与相关运输方式的承运人订立分包合同，由这些承运人来完成货物运输。

（3）代理人型。这类国际多式联运经营人没有任何运输工具和场站设施。他们需要通过与相关的承运人、场站经营人订立分包合同来履行它与货主订立的国际多式联运合同。

二、多式联运的基本类型

基于不同的分类标准，多式联运可分为不同的形式，比如按是否采用集装箱、可拆卸箱体和半挂车等标准化运载单元或道路车辆进行分类。

1. 按运输方式的组成分类

按运输方式的组成分类，多式联运可分为海铁、海空、海公、铁公、铁空、公空、海铁海、公海空等多种类型。

2. 按干线区段所采用运输方式的不同分类

（1）基于海运的多式联运，是指以海上运输作为主要干线运输的陆海联运。

（2）基于陆运的多式联运，是指整个国际物流过程是以铁路运输或公路运输作为主要干线运输的公铁联运或基于大陆桥的多式联运。

（3）基于空运的多式联运，是指以航空运输作为主要干线运输的海空、陆空联运。

三、我国多式联运的发展与问题

1. 发展过程

我国相继制定了《国际集装箱多式联运管理规则》（1997 年）、《关于加快发展我国集装箱运输的若干意见》（2002 年）、《关于共同推进铁水联运发展合作协议》（2011 年）、《关于开展多式联运示范工程的通知》（2015 年）、《关于进一步鼓励开展多式联运工作的通知》（2016 年）等多式联运规章，促进了多式联运的发展。

2. 存在的问题

（1）对发展多式联运尚缺乏系统的认识、清晰的思路和深入的谋划，建议进一步提升多式联运的战略地位。

（2）缺乏国家层面的综合协调机制，建议构建由相关部门共同参与的协调机构或机制，统筹协调宏观层面及具体多式联运交叉业务方面的问题。

（3）沿海支线运输系统不完善，尤其在内陆地区集装箱运输基础设施相对薄弱，建议加快打通“最初一公里、中间一公里及最后一公里”。

（4）尚未形成统一的多式联运装备标准体系，建议加快形成以内陆集装箱、厢式半挂车为主体的基础载荷单元的标准体系，实现车、挂、站、运等多环节的标准协同。

（5）国家层面在促进多式联运发展政策的系统性、覆盖面和作用力方面仍存在较大的局限性，建议加快制定促进多式联运发展的政策。

（6）货物全程在线跟踪技术应用率较低、信息传递滞后，建议进一步加强多式联运信息化水平。

第二节　综合运输

一、综合运输及相关术语的比较

（一）综合运输

综合运输是指各种运输方式在社会化的运输范围内和统一的运输过程中，按照各自的技术经济特征，形成分工协作、有机结合、联结贯通的交通运输综合体。

综合运输是从宏观社会效益的角度，研讨交通运输业的综合规划、综合发展和综合运用等问题，其概念更宏观、更突出国家对整个综合运输体系的规划和合理应用、更多体现为一种发展理念和总体战略。

多式联运主要指微观层面的运输活动，突出运输企业合理运用多种运输方式提供满足社会需求的完整运输产品。多式联运是立体化、网络化交通运输体系的重要模式，可以把综合运输理念化为具体行动或推进路径。因此，发展多式联运是建设综合运输体系的核心任务。目前，欧美等发达国家和地区较少提及综合运输体系，其各种交通运输方式基本网形成后，直接转向推进多式联运发展阶段，因此，欧美等发达国家和地区更多关注的是多式联运发展的法规、政策、标准、管理、操作等市场关心的问题。中国、俄罗斯、日本等国家则更多聚焦于综合运输体系整体的规划、建设、政策、协调发展等政府关心的问题。

按运输方式多少，综合运输可分为同式联运（单式联运）和多式联运。其中，同式联运或单式联运通常简称为联运，它是指当事人约定由两个或两个以上承运人以同一种运输方式将货物运至约定地点，托运人支付运费的货物运输。两个或两个以上承运人以同一种运输方式联运的，与托运人订立合同的承运人应当对全程运输承担责任。损失发生在某个运输区段的，与托运人订立合同的承运人和该区段的承运人承担连带责任。

1. 国际铁路联运

国际铁路联运是单式联运中的一种，它是指使用一份统一的国际铁路联运票据，在跨及两个及两个以上国家铁路的货物运送中，由参加国铁路当局负责货物运送全过程，而无须收、发货人参加，由托运人支付全程运输费用的铁路运输组织形式。

与国内铁路运输相比，国际铁路联运的特点如下。

（1）涉及面广。每运送一批货物都要涉及两个或两个以上国家和多个国境站。

（2）运输条件高。要求每批货物的运输条件，如包装、过载、票据的编制、添附文件及车辆使用等都要符合国际联运的规章、规定。

（3）办理手续复杂。货物必须由两个或两个以上国家的铁路参加运送，在办理国际铁路联运时，其运输票据、货物、车辆及有关单证都必须符合有关规定和一些国家的合理要求。

（4）用一份铁路联运票据完成货物的跨国运输。

（5）运输责任方面采用统一责任制。

（6）仅使用铁路一种运输方式。

目前，各国铁路轨距并不完全相同。比如，俄罗斯铁路轨距为1520mm、越南铁路和中国昆明铁路轨距为1000mm，由于俄罗斯铁路轨距与我国不同，因此在边境口岸需要进行货物换装业务，这也成为铁路联运方式的最大缺陷。

目前，国际铁路货物联运存在两大系统：一是依据由欧洲各国于1890年制定的《国际铁路货物运输公约》（1938年修改时改称《国际铁路货物运送公约》）开展的国际铁路货物联运；二是依据1951年制定的《国际铁路货物联运协定》（简称《国际货协》）开展的国际铁路货物联运。虽然一些《国际货协》的制定参与国由于苏联和东欧各国政体发生变化而解体，但铁路联运业务并未停止。

2. 大陆桥运输

大陆桥运输（Land Bridge Transport）也称陆桥运输，是指使用横贯大陆的铁路、公路运输系统作为中间桥梁，把大陆两端的海洋连接起来，形成跨越大陆、联结海洋的运输组织形式。由于大陆起了两种运输方式之间的“桥梁”的作用，因此人们从地理概念出发，形象地将这种海陆海联运中的铁路主干线和干线公路称为大陆桥，而将通过大陆桥实现的海陆海联运称为大陆桥运输。

（1）西伯利亚大陆桥。西伯利亚大陆桥也称北线亚欧大陆桥，全长约 13000km。与全海运相比，这条大陆桥运输线具有三个明显的优点。一是缩短运输距离。从中国、日本等国家或地区到西欧，经西伯利亚大陆桥的路程大约是 13000km，比绕道非洲好望角的航程缩短约 1/2，比经苏伊士运河的航程可缩短 1/3。二是节省途中运行时间。西伯利亚大陆桥在过境时间上有优势，而且与多个港口和多条铁路干线相连，运输潜力巨大。途经西伯利亚大陆桥的集装箱运输，一般比全程海运可提前 15~35 天。三是降低运输成本。一般情况下，其运输成本比全程海运便宜 20%~30%。当然，这条大陆桥运输线也有局限性。比如，冬季严寒，使运输能力受到影响；来回运量不平衡，西向约为东向的 2 倍；俄罗斯使用宽轨铁路，必须换轨才能进入欧洲其他各国。

（2）新亚欧大陆桥。新亚欧大陆桥，也称南线亚欧大陆桥，全长 10900km，在中国境内长 4131km，约占全长的 1/3。向东辐射日本、朝鲜、韩国等国家，向西途经中亚、西亚、中东、俄罗斯等 30 多个国家和地区。

近年来，尤其随着“一带一路”倡议的实施，我国已陆续开通至欧洲的国际铁路班列，比如渝新欧、汉新欧、郑新欧、辽满欧、辽蒙欧等，从而有利于陆桥运输的发展。

（3）北美陆桥。北美地区的陆桥运输包括大陆桥运输、小陆桥运输和微型陆桥运输等组织形式。

北美大陆桥（North American Land Bridge）运输是指利用北美的大铁路从远东到欧洲的海陆海联运。该大陆桥由于海陆竞争和经济效益下降等因素而萎缩，已名存实亡。

小陆桥（Mini Land Bridge，MLB）运输是比大陆桥的海陆海形式缩短一段海上运输而形成的海陆或陆海形式。目前，小陆桥运输的主要是中国、日本等国家或地区经美国西海岸（W/C），尤其是美太平洋沿岸西南向（PSW）港口、墨西哥湾海岸（G/C）到美国东海岸（E/C）的集装箱货物，例如，大连—长滩—休斯敦路线上的货物。当然也承运从欧洲到美国西海岸及海湾地区各港的大西洋航线的转运货物。

微型陆桥（Micro Bridge 或 Micro Land Bridge）运输是比小陆桥运输更短的海陆运输方式，又称为半陆桥运输（Semi Land Bridge，SLB）。内陆点多式联运（Interior Point Intermodal，IPI）就是典型的微型陆桥运输，它是指中国、日本等国家或地区经美国西海岸之美太平洋沿岸西南向港口、墨西哥湾海岸，利用集装箱拖车或铁路运输将货物运至美国内陆城市的海陆联运。IPI 下的内陆公共点（Inland Common Points）主要包括芝加哥、亚特兰大、底特律、达拉斯、丹佛等。IPI 与 MLB 的区别一方面是目的地，IPI 的目的地是指定的内陆公共点，MLB 的目的地主要是美太平洋沿岸西南向港口、墨西哥湾海岸；另一方面是内陆运输方式，IPI 可采用火车或拖车，MLB 不可用拖车—公路运输。

内陆公共点或陆上公共点运输（Overland Common Points，OCP）使用两种运输方式将卸至美国西海岸港口的货物通过铁路转运运抵美国的内陆公共点，并享有优惠运价。所谓内陆公共点是指美国的北达科他州、南达科他州、内布拉斯加州、科罗拉多州、新墨西哥州起以东各州，约占全美地区的 2/3。所有经美国西海岸转运至这些地区的（或反向的）货物均称为 OCP 地区货物，并享有 OCP 运输的优惠运价，比当地一般商品运费每吨要节省 2~3 美元。尽管 OCP 运输与 IPI 运输的目的地均为美国内陆公共点，但二者有本质的不同。一是 OCP 运输区域范围广，约占全美 2/3 的地区。二是 OCP 虽然由海运、陆运两种运输方式来完成，但海运、陆运段分别由两个承运人签发单据，运输风险也是分段负责，因此它并不是国际多式联运，而 IPI 运输是真正的多式联运。三是 OCP 运输通常是经美国西海岸之美太平洋沿岸西北向（PNW）港口，比如洛杉矶、西雅图、旧金山转运，而 IPI 运输通常是经美国西海岸之美太平洋沿岸西南向港口、墨西哥湾海岸转运。在 OCP 运输时，收货人可要求保税运输，于目的地结关提货。事实上，现行的地区运输费率与 OCP 已相差无几，加上 OCP 运输时收货人须于美国西海岸自行办理中转手续，因此目前 OCP 使用得不多。

表 3–1 所示为 SLB，OCP，MLB，IPI 四种运输组织方式的区别。

表 3–1　　SLB，OCP，MLB，IPI 四种运输组织方式的区别

比较项目	SLB	OCP	MLB	IPI
运输单证签发	适用于全程运输区段	仅适用于海上区段的货物运输	适用于全程运输区段	适用于全程运输区段
运费计收	收取全程运费	海、陆运输区段分别计收运费	收取全程运费	收取全程运费
保险区段	可全程投保	海、陆运输区段分别投保	可全程投保	可全程投保
货物运抵区域	不受限制	内陆公共点	美太平洋沿岸西南向港口和墨西哥湾海岸	内陆公共点
多式联运	是	不是	是	是

（二）一体化运输

一体化（Integrated）主要是各部分密切协调、完整统一的意思。一体化运输（Integrated Transport）有不同的解读。

（1）狭义的一体化运输是指各种运输方式一体化，它强调同种运输方式各企业、各环节之间，以及不同运输方式之间的无缝衔接和提供全过程、完整的运输服务。

（2）广义的一体化运输是指突破各种运输方式一体化的范围，将其拓展到交通运输与土地资源利用、环境保护、健康、教育等领域的一体化。欧美国家大约从20世纪60至70年代起，在政府文件和学术文献中越来越多地使用广义的一体化运输概念。

从综合运输的发展来看，人们对综合运输的认识和理解是渐进的，经历了从静态看待各种运输方式的关系到动态推动不同运输方式间有效衔接和协作的转变，进而与环境保护、土地资源利用等实现高度协调统一，从而有利于环境保护和资源节约。显然，广义的一体化运输与综合运输的内涵基本相同。

（三）联合运输

联合运输（Combined Transport 或 Joint Transport）简称联运，包括广义和狭义两种概念。

（1）广义的联合运输是指产、供、运、储、销之间的运输大协作，具体包括两种以上运输工具或两种以上运输方式的衔接。目前，广义的联合运输概念已很少使用，一般以“物流”这个术语来描述这种情形。

（2）狭义的联合运输是指一次委托，由两家以上运输企业或用两种以上运输方式共同将一批货物运送到目的地的过程。显然，联合运输既包括同一运输方式下不同企业之间的同式联运，也包括不同运输方式之间的多式联运。因而，多式联运只是联合运输的一种特定形式。

（四）一贯制运输

一贯制运输（Through Transport）通常是指物品由发运地到接收地，中途不需要换装和在储存场所停滞的一种运输组织方式。它与联合运输概念类似，既包括同一种方式下的联运，比如国际铁路联运（International Railway Through Transport），也包括多式联运（实践中，通常称为复合一贯制运输）。

（五）集装箱运输

集装箱运输（Container Transport）是以集装箱为单元进行货物运输的一种货运组织方式。集装箱作为标准装载单元，在转换运输方式时可以做到只对集装箱而不对货物本身进行操作，这为建立“一次装箱、一箱到底、全程服务”运营模式奠定了基础，也为推行“一次托运、一次计费、一次保险、一票到底”单证体系带来了便利。事实上，正是20世纪60年代以集装箱在海运业中的应用为主要标志的运输革命拉开了现代多式联运发展的序幕，可见集装箱运输对于多式联运具有非常重要的意义，以至于一些人将二者视为相同。尽管如此，两者的区别还是显而易见的，比如多式联运不一定以集装箱为载体。需要注意的是，即使全程涉及多种运输方式，也不见得都是集装箱多式联运，只有符合多式联运构成要件的，才能称为集装箱多式联运。

二、综合运输体系

1. 综合运输体系的定义

在实践中，通常将综合运输体系简单定义为，各种运输方式在社会化的运输范围内和统一的运输过程中，按其技术经济特点组成的分工协作、有机结合、连续贯通、布局合理的交通运输综合体。

实际上，综合运输体系通常具有有效满足需求、结构优化、一体化衔接、运行高效、有机整体五大特征。因而，完整的综合运输体系可以定义为，根据各种运输方式的现代技术经济特征和社会对资源消耗、建设成本、运行成本的可承担能力，在框架结构优化、运输系统一体化、全面信息化的战略目标和政策指引下，由多种运输方式按照功能组合、优势互补、技术先进、合理竞争、资源节约的原则进行网络化布局发展，共同构建形成的有效满足社会经济发展需要、一体化紧密衔接、运行高效的交通运输有机整体。

2. 发达国家综合运输体系建设情况

目前，各国综合运输体系建设主要关注以下内容：运输方式之间的衔接、城市交通与区域交通的衔接、运输走廊内的最优构成与效率以及交通运输立法。当然，由于国情及交通运输发展水平不同，各国侧重点略有不同。

（1）美国强调市场主导、国土开发、国家规划的联系，交通运输的现代化及效率。

（2）日本注重交通总体规划和交通方式的集约化，重视交通资源配置的有效性和环境影响。

（3）欧盟强调交通政策的战略性和交通发展的可持续性，关注对非再生资源的集约化使用和对生态环境的影响，注重交通与人的和谐统一。

3. 我国综合运输体系建设方向

（1）在可预见的将来，铁路仍将是中、长距离客运、货运运输的主力。为此，应继续加快既有线路的改造和扩建，以充分发挥铁路在中、长距离大宗货物运输中的优势。

（2）随着道路状况的改善、汽车技术的进步和大型车的增加，道路运输将逐步成为高档工农业产品运输以及中距离客运的重要力量。因此，要充分发挥道路运输机动灵活、送达快、门到门运输的优势，发挥道路运输在短途客运、货运运输中的主力作用。

（3）加强内河航道建设，以及沿海和内河港口的改造和建设，发展沿海和长江等主要内河运输，实现主干、支干道路直达运输和江海联运。

（4）航空运输建设速度快，周期短，效益高，大中城市间长距离客运应优先发展航空运输。对发展边远地区、高档外贸和急需物资的运输，航空运输也有其特别的优势。

（5）除发展原油和天然气管道运输外，在成品油集中的流向上，要建设成品油管道，积极慎重地发展输煤管道。

4. 我国综合运输体系建设中面临的主要问题

（1）构建和发展综合运输体系的思想已确立，但综合运输体系发展的总体战略目标、价值取向有待进一步明确。

（2）已具备较好的综合运输体系构建与发展基础，但缺乏统筹的系统性“顶层设计”。

（3）我国交通运输已进入大发展阶段，但各种运输方式的建设发展与综合运输体系构建的关系处理紧密性不够。

（4）建设和发展综合运输体系已成为各级政府的重要工作目标，但在认识、推动机制、责任约束方面还存在较多问题。

（5）重视“硬件”、轻视“软件”。运输组织与服务创新仍待加强（单一方式的服务发展、运输方式之间的服务衔接等）、综合交通运输管理体制的深化改革（包括政府与市场的关系、政府管理方式、市场配置资源的方式等）仍须推进、需要营造更为宽松和公平的竞争环境、有待进一步推动运输技术与装备的进步（包括技术发展的方向、标准化、节能与环保等）。

三、综合运输学

1. 综合运输学的概念与研究范式

综合运输学是指系统研究交通运输体系及其运转机制的综合性学科。它主要通过对交通运输体系中静态结构、动态结构、客货流、信息流及生产工艺等特征的分析，探讨整个交通运输体系的运转规律，指导人们组织综合运输生产。

表 3–2 所示为综合运输学不同研究范式的比较。

表 3–2　　综合运输学不同研究范式的比较

研究范式	研究手段	关注视角	综合运输问题	主要政策导向
工程经济学与技术经济学	预测与分配模型、政治经济学	增加供给	运输行业之间的比较关系	政府主导
一般经济学与管理学	均衡理论、外部性理论、产权理论	均衡增长、需求管理	促进交通与土地利用协调、资源环境友好	市场 – 政府
系统论、经济时空分析与公共管理	运输经济与时空经济分析框架、公共管理学与法律经济学	系统单元、协调发展、制度建设	衔接性、一体化、准确性、枢纽作用、区位性能	市场 – 政府 – 社会共同治理

2. 综合运输学的研究内容

（1）运输体系的综合发展。主要包括：①运输业在国民经济中的地位、作用及比例关系；②运输网发展规划，包括运输体系的建设规模、速度、技术设备、投资和实施步骤等；③合理运输及改善工农业生产布局；④各种运输方式的合理使用及其协调发展。

（2）各种运输方式的综合利用。主要包括：①组织各种运输方式的联运，以及水陆联运枢纽和中转站换装设备综合配套问题；②大宗货物由包装运输改为散装运输和件杂货物的集装箱运输；③运输工具的类型、装卸技术、设备配套、运输组织工作等问题。

（3）运输技术发展方向和先进技术的应用。比如对高速列车、重载列车、大吨位船舶、深水码头、大吨位汽车等的应用研究，其技术经济效益及适应的地理条件等问题。

信息篇

第四章　数字交通

第一节　数字交通概述

一、相关术语的概念与比较

（一）相关术语的概念

1. 信息化

信息化的概念起源于 20 世纪 60 年代的日本，而后被译成英文传播到西方，西方社会普遍使用“信息社会”和“信息化”的概念是 70 年代后期才开始的。

信息化代表了一种信息技术被高度应用，信息资源被高度共享，从而使得人的智能潜力以及社会物质资源潜力被充分发挥，个人行为、组织决策和社会运行趋于合理化的理想状态。信息化是不断运用 IT 改造传统的经济、社会结构从而通往如前所述的理想状态的一段持续的过程。

信息化技术的本质是运用 IT 技术实现通信现代化，用 IT 技术改造传统经济社会。这首先需要对现实物理世界存在事物符号化和数据化，其中最主要的是通过数据化手段实现。即信息化是指将现实物理世界存在的事物，通过数据化手段，借助二进制编码，通过电子终端呈现，便于信息的传播与沟通。这个过程的数据产生主要是通过人工手段进行数据录入，进行信息传递，实现通信现代化。

2. 数字化

数字化是将连续的信息转换为离散的信息（即数字信号）。例如，把声、光、电、磁等信号转换成数字信号。与非数字信号相比，数字信号具有传输速度快、容量大、抗干扰能力强、便于网络传输和计算机处理等优点。

数字化的本质就是通过对信息的数字化，将许多复杂多变的信息转变为可以度量的数据，再以这些数据建立起适当的数字化模型，把它们转变为一系列二进制代码，引入计算机内部，进行统一处理，这个数字化的基本过程反映了数字化的本质。

是否人工录入数据是区别信息化和数字化的标志。数字化是自动化采集，其最主要的数据采集手段就是利用物联网感知技术，实现感知（采集）– 呈现 – 分析同时完成。当海量数据产生，需要海量技术存储、处理、分析时，就产生了大数据，当数据需要云端协同时，云计算的优势就显现了。

3. 自动化

自动化是指机器设备、系统或（生产、管理）过程在没有人或较少人的直接参与下，自动操作和运行。

根据控制对象（生产或管理）不同，可分为工业自动化和管理自动化。工业自动化按照实现的方式，可分为机械自动化、电气自动化、微机自动化等。管理自动化主要指办公自动化等。

4. 智能化

智能化是指在计算机网络、大数据、物联网和人工智能等技术的支持下，系统具有状态感知、实时分析、科学决策、精准执行的能力。

智能化的本质是系统具有感知、分析、决策和执行的能力。数字化与智能化的本质区别是最终决策谁来做。在能够实现状态感知、实时分析、科学决策、精准执行的闭环中，机器做出决策并执行，才实现了智能化。

5. 数智化

数智化是 2015 年北京大学“知本财团”课题组提出的概念，是对“数字智商”的阐释，最初的定义是“数字智慧化与智慧数字化的合成”。

这个定义有三层含义：一是“数字智慧化”，即在大数据中加入人的智慧，使数据增值增进，提高大数据的效用；二是“智慧数字化”，即运用数字技术，把人的智慧管理起来，相当于从“人工”到“智能”的提升；三是把这两个过程结合起来，构成人机的深度对话和互相的深度学习。即以智慧为纽带，人在机器中，机器在人中，形成人机一体的新生态。

随着数字技术的发展和其应用程度的快速提高，数智化的概念也在不断地丰富与扩展。数字技术与产品结合，使产品更聪明，这是数智化的第一阶段；将数字技术用于企业管理，使企业更聪明，这是数智化的第二阶段；数据上云之后，不同来源的数据形成聚合，人机协同的领域日益扩展，让平台系统更聪明，这是数智化的第三阶段；人与人之间的“思维互联”、人与物之间的“思维互联”、天人合一、万物一体、智慧协同是数智化发展的第四阶段也是最后阶段，即智慧世界阶段。

6. 智慧化

智慧化是指系统在具备“智”的能力的基础上，还知道如何产生这种能力，进而可以学习提升，不断进化，迭代升级。

智能化系统是聪明的系统，但这个系统还是程控化的自动执行系统，也就是由程序来控制与主导的系统运作，其状态感知是依靠物联网感知技术，依靠信号实时传输技术，大数据的计算分析和决策程序依靠的是软件，执行系统依靠的是命令实时传输和设备的自动执行。因此，智慧化与智能化的本质区别在于系统能否自我学习提升、不断进化和迭代升级。智慧化的本质是系统具有的自我学习与提升能力。

（二）相关术语的比较

（1）数字化是将信息二进制化，便于传输和处理，强调的是信息的采集。

（2）信息化是信息采集、传输和利用的全过程，强调的是信息的利用。

（3）自动化是利用信息进行控制，强调的是实时控制。

（4）数字化是工具；自动化是低级目标；信息化是高级目标；智能化，尤其是数智化、智慧化是终极目标。

二、交通信息化、数字交通及交通大数据

（一）交通信息化

信息化是指培育、发展以智能化工具为代表的新的生产力并使之造福于社会的历史过程。国家信息化就是在国家统一规划和组织下，在农业、工业、科学技术、国防及社会生活各个方面应用现代信息技术，深入开发、广泛利用信息资源，加速实现国家现代化进程。

交通信息化是国家信息化的一部分，是指交通行业实现信息化。参照国家信息化的定义，交通信息化可以定义为在国家统一规划和组织下，交通行业应用现代信息技术，深入开发、广泛利用信息资源，加速实现交通现代化进程。

交通信息化的内涵主要包括以下五个方面：交通政务信息化、交通基础设施建设与管理信息化、交通运输生产管理信息化、交通产品营销信息化、交通科学技术信息化。

交通信息化的核心任务是交通信息资源的开发和利用，完整的交通信息化体系应具备六大要素：①开发利用信息资源是关键；②建设国家信息网络是基础；③推进信息技术应用是主阵地；④发展信息技术和产业是物质基础；⑤培育信息化人才是成功之本；⑥制定和完善信息化政策是重要保障。

（二）数字交通

1. 数字交通的概念

数字交通是将实时采集的交通数据纳入建立的交通模型体系中，实现对交通体系

的虚拟数字映射，通过大数据分析、人工智能（AI）和交通仿真技术生成交通优化方案并对方案进行评价。

2. 数字交通的本质

数字交通的本质是闭环数据赋能体系，通过数据全域标识、状态精准感知、数据实时分析、模型科学决策、智能精准执行，实现交通的模拟、监控、诊断、预测和控制，解决交通规划、设计、建设、管理、服务闭环过程中的复杂性和不确定性问题，全面提高交通资源配置效率和安全运转状态。

3. 数字交通应用平台

数字交通应用平台包括智能交通管理、交通运行监测、交通规划设计、交通信息服务、智能公交、智慧停车、车路协同服务、出行即服务（MaaS）、物流服务、仿真评价服务。

（三）交通大数据

随着物联网技术在交通运输领域的应用，实现交通运输状态的实时感知与数据的实时采集，必然带来海量交通运输数据，从交通运输涉及的数据信息挖掘出新的价值，并将其通过大数据进行分析，可以提高运输效率，减少运输成本，更有效地满足客户服务要求。

1. 交通大数据的概念

数字交通必然带来海量交通运输数据，此时海量交通运输数据是已经无法在一定时间范围内通过常规软件工具进行捕捉、管理和处理的数据集合，这就需要新处理模式，即交通大数据处理模式。

IBM（国际商业机器公司）提出，大数据具有5V特点，即Volume（大量）、Velocity（高速）、Variety（多样）、Value（低价值密度）、Veracity（真实性）。

交通大数据需要新处理模式才能具有更强的决策力、洞察力和流程优化能力以适应海量、高增长率和多样化的信息资产。因此，对数字交通带来的海量交通数据存储、运算与处理的新处理模式就是交通大数据。

大数据在获取、存储、管理、分析方面大大超出了传统数据库软件工具能力范围内的数据集合，而具有海量的数据规模、快速的数据流转、多样的数据类型和低价值密度四大特征。从技术上看，大数据与云计算的关系就像一枚硬币的正反面一样密不可分。大数据必然无法用单台的计算机进行处理，必须采用分布式架构。它的特色在于对海量数据进行分布式数据挖掘。但它必须依托云计算的分布式处理、分布式数据库、云存储和虚拟化技术。

2. 交通大数据的本质

交通大数据处理模式的意义不在于掌握庞大的数据信息，其本质在于对这些含有意义的数据进行专业化处理。

适用于大数据的处理模式，包括大规模并行处理（MPP）数据库、数据挖掘、分布式文件系统、分布式数据库、云计算平台、互联网和可扩展的存储系统。

第二节　数字交通建设

一、推进综合交通运输大数据发展

为加快建设交通强国，2019 年交通运输部印发了《推进综合交通运输大数据发展行动纲要（2020—2025 年）》，以下简称《行动纲要》。

（一）建设目标

到 2025 年，力争实现以下目标。综合交通运输大数据标准体系更加完善，基础设施、运载工具等成规模、成体系的大数据集基本建成。政务大数据有效支撑综合交通运输体系建设，交通运输行业数字化水平显著提升。综合交通运输信息资源深入共享开放。大数据在综合交通运输各业务领域应用更加广泛。大数据安全得到有力保障。符合新时代信息化发展规律的大数据体制机制取得突破。综合交通大数据中心体系基本构建，为加快建设交通强国，助力数字经济勃兴提供坚强支撑。

（二）建设任务

《行动纲要》规定了五大行动、二十一项具体任务。

1. 夯实大数据发展基础

（1）完善标准规范。

（2）强化数据采集。

（3）加强技术研发应用。

2. 深入推进大数据共享开放

（1）完善信息资源目录体系。

（2）全面构建政务大数据。

（3）推动行业数字化转型。

（4）稳步开放公共信息资源。

（5）引导大数据开放创新。

3. 全面推动大数据创新应用

（1）构建综合性大数据分析技术模型。

（2）加强在服务国家战略中的应用。

（3）提升安全生产监测预警能力。

（4）推动应急管理综合应用。

（5）加强信用监管。

（6）加快推动“互联网+监管”。

（7）深化政务服务“一网通办”。

（8）促进出行服务创新应用。

（9）推动货运物流数字化发展。

4. 加强大数据安全保障

（1）完善数据安全保障措施。

（2）保障国家关键数据安全。

5. 完善大数据管理体系

（1）推动管理体制改革。

（2）完善技术管理体系。

（三）编制思路

当前，信息化已发展到大数据时代，总体呈现“三个不变和转变”。即数据的本质特征不变，但正在向数据管理资产化和全流程转变；以应用为导向的价值取向不变，但正在向数据应用的智能化和迭代式转变；“分散”与“统一”的内在矛盾不变，但正在向“统分结合、集约发展”的发展模式转变。据此，《行动纲要》形成了“把握一条主线，关注四个重点”的总体编制思路。

1. 一条主线

形成了综合交通大数据新的发展共识，即推进综合交通运输大数据发展已经成为新时代交通运输信息化发展的核心内容。这条主线是在深入研究和把握大数据发展规律和时代特征的基础上确定的，以适应新时代交通运输信息化的发展规律。

2. 四个重点

（1）统筹推进，是要在综合交通运输体系下推进大数据工作，完善跨领域大数据发展协同机制。

（2）加强采集，是要强化实时性、高质量、自动化、成体系数据的采集，夯实大数据基础。

（3）充分汇聚，是要以“构建综合交通大数据中心体系”为目标，加强重点领域数据归集汇聚。

（4）综合应用，是要推动跨层级、跨地域、跨系统、跨部门、跨业务的综合性应用，切实解决行业实际问题。

二、推进数字交通发展

2019 年 7 月 25 日，交通运输部印发《数字交通发展规划纲要》（以下简称《纲要》），提出以“数据链”为主线，构建数字化的采集体系、网络化的传输体系和智能化的应用体系，加快交通运输信息化向数字化、网络化、智能化发展。

（一）建设目标

到 2025 年，交通运输基础设施和运载装备全要素、全周期的数字化升级迈出新步伐，数字化采集体系和网络化传输体系基本形成。交通运输成为北斗导航的民用主行业，第五代移动通信（5G）等公网和新一代卫星通信系统初步实现行业应用。交通运输大数据应用水平大幅提升，出行信息服务全程覆盖，物流服务平台化和一体化进入新阶段，行业治理和公共服务能力显著提升。交通与汽车、电子、软件、通信、互联网服务等产业深度融合，新业态和新技术应用水平保持世界先进。

到 2035 年，交通基础设施完成全要素、全周期数字化，天地一体的交通控制网基本形成，按需获取的即时出行服务广泛应用。我国成为数字交通领域国际标准的主要制订者或参与者，数字交通产业整体竞争能力全球领先。

（二）建设任务

1. 构建数字化的采集体系

（1）推动交通基础设施全要素、全周期数字化。推动交通基础设施规划、设计、建造、养护、运行管理等全要素、全周期数字化。构建覆盖全国的高精度交通地理信息平台，完善交通工程等要素信息，实现对物理设施的三维数字化呈现，支撑全天候复杂交通场景下自动驾驶、大件运输等专业导航应用。针对重大交通基础设施工程，实现基础设施全生命周期健康性能监测，推广应用基于物联网的工程质量控制技术。

（2）布局重要节点的全方位交通感知网络。推动铁路、公路、水路领域的重点路段、航段，以及隧道、桥梁、互通枢纽、船闸等重要节点的交通感知网络覆盖。推动交通感知网络与交通基础设施同步规划建设，深化高速公路 ETC（电子不停车收费系统）门架等路侧智能终端应用，建立云端互联的感知网络，让“哑设施”具备多维监测、智能网联、精准管控、协同服务的能力。注重众包、手机信令等社会数据融合应用。构建载运工具、基础设施、通行环境互联的交通控制网基础云平台。加快北斗导航在自由流收费、自动驾驶、车路协同、海上搜救、港口自动化作业和集疏运调度等领域的应用。

（3）推动载运工具、作业装备智能化。鼓励具备多维感知、高精度定位、智能网联功能的终端设备应用，提升载运工具远程监测、故障诊断、风险预警、优化控制等能力。推动自动驾驶与车路协同技术研发，开展专用测试场地建设。鼓励物流园区、港口、铁路和机场货运站广泛应用物联网、自动驾驶等技术，推广自动化立体仓库、引导运输车、智能输送分拣和装卸设备的规模应用。推动自动驾驶船舶、自动化码头和堆场发展，加强港航物流与上下游企业信息共享和业务协同。

2. 构建网络化的传输体系

推动交通运输基础设施与信息基础设施一体化建设，促进交通专网与“天网”“公网”深度融合，推进车联网、5G、卫星通信信息网络等部署应用，完善全国高速公路通信信息网络，形成多网融合的交通信息通信网络，提供广覆盖、低时延、高可靠、大带宽的网络通信服务。

3. 构建智能化的应用体系

（1）打造数字化出行助手。促进交通、旅游等各类信息充分开放共享，融合发展。鼓励平台型企业深化多源数据融合，整合线上和线下资源，鼓励各类交通运输客票系统充分开放接入，打造数字化出行助手，为旅客提供“门到门”的全程出行定制服务。倡导“出行即服务”理念，以数据衔接出行需求与服务资源，使出行成为一种按需获取的即时服务，让出行更简单。打造旅客出行与公务商务、购物消费、休闲娱乐相互渗透的“智能移动空间”，带来全新出行体验。推动“互联网 +”便捷交通发展，鼓励和规范发展定制公交、智能停车、智能公交、汽车维修、网络预约出租车、互联网租赁自行车、小微型客车分时租赁等城市出行服务新业态。

（2）推动物流全程数字化。大力发展“互联网 +”高效物流新模式、新业态，加快实现物流活动全过程的数字化，推进铁路、公路、水路等货运单证电子化和共享互认，提供全程可监测、可追溯的“一站式”物流服务。鼓励各类企业加快物流信息平台差异化发展，推进城市物流配送全链条信息共享，完善农村物流末端信息网络。依托各类信息平台，加强各部门物流相关管理信息互认，构建综合交通运输物流数据资源开放共享机制。

（3）推动行业治理现代化。完善国家综合交通运输信息平台，提高决策支持、安全应急、指挥调度、监管执法、政务服务、节能环保等领域的大数据运用水平，实现精确分析、精准管控、精细管理和精心服务。完善资源目录与信息资源管理体系，实现行业信息资源的汇聚融合，提升信息资源共享交换和开放服务能力。建立大数据支撑的决策与规划体系，推动部门间、政企间多源数据融合，提升交通运输决策分析水平。采用数据化、全景式展现方式，提升综合交通运输运行监测预警、舆情监测、安全风险分析研判、调度指挥、节能环保在线监测等支撑能力。进一步推进交通运输领域“互联网+政务服务”，实现政务服务同一事项、同一标准、同一编码。延长网上办事链条，推动政务服务向“两微一端”等延伸拓展。加快完善运政、路政、海事等政务信息系统，推进交通运输综合执法、治超联网等系统建设，提高执法装备智能化水平，推进在线识别和非现场执法。

4. 培育产业生态体系

聚焦基础设施和载运工具数字化的关键环节与核心技术，鼓励优势企业整合电子、软件、通信、卫星、装备制造、信息服务等领域资源，构建强强联合、优势互补、高效适配的协同创新体系。加强测试、检测、认证综合能力建设，促进新技术成果转化。加快北斗导航、卫星通信、高分辨率对地观测等技术的行业应用。鼓励建立协同创新产业联盟，积极开展产业化应用示范，促进各类主体合作，打造具有国际竞争力的产业生态体系。

5. 健全网络和数据安全体系

贯彻落实《中华人民共和国网络安全法》以及国家关于数据安全的要求，落实各级交通运输管理部门及相关机构的网络安全职责，健全信息通报、监测预警、应急处置、预案管理等工作机制，建立专家库。落实网络安全等级保护制度，确保各级安全防护合规达标。加强网络安全与信息系统同步建设，提高交通运输关键信息基础设施和重要信息系统的网络安全防护能力。推进重要信息系统国产密码应用、重要软硬件设备国产化应用。加强对交通数据全生命周期的管控，保护国家秘密、商业秘密和个人隐私。完善适应新技术发展的行业网络安全标准。

6. 完善标准体系

加快完善面向数字交通应用的交通基础设施工程建设标准，推动信息基础设施与交通基础设施同步规划、同步设计、同步建设、同步运维。按照交通运输信息化标准体系，持续完善相关标准。加快自动驾驶国家及行业标准体系建设，完善生产制造、测试评价、网络安全、数据共享、运行使用等标准。推动建立跨行业、跨领域、跨部门数字交通标准协同发展机制，发挥企业在标准研究方面的作用，积极参与国际标准制修订的协调、交流与合作。

7. 完善支撑保障体系

（1）营造发展环境。探索有利于数字交通创新发展的行业监管模式，推动完善相关法律法规体系，在规范发展、安全发展的前提下，营造有利于创新发展的政策环境。积极推进企业间、政企间的数据资源融合应用，鼓励市场主体提供丰富的数字交通服务，激发创新活力和潜在价值，提供更好的服务体验。

（2）多渠道筹措资金。发挥中央财政资金的引导作用，加大对创新试点的支持力度，强化过程指导，加强绩效评估。各级交通运输主管部门积极争取财政性资金、专项资金等支持数字交通建设。探索政府和社会资本合作模式。

（3）促进创新应用。坚持试点先行，带动全面发展，围绕“一带一路”建设、京津冀协同发展、长江经济带发展、粤港澳大湾区发展、长江三角洲区域一体化发展等国家重要区域发展战略，开展区域性数字交通综合试点。系统开展数字交通发展配套政策研究。在保障国家安全、维护国家利益的前提下，促进资源跨境流动，实现引资、引智、引技相结合。

（4）加强人才支持。建立跨领域、多层次人才培养体系，提升行业数字化思维和应用能力。建立多层次专家库，发挥高端智库、院校等机构的智力支持作用，鼓励建立产学研金的对接平台。

第五章　智能交通与智慧交通

第一节　智能交通与智慧交通概述

一、智能交通与智慧交通的比较

（一）智能交通的概念

智能交通系统（Intelligent Transportation System，ITS）是将先进的信息技术、数据通信技术、传感器技术、电子控制技术及计算机技术等有效地集成运用于整个地面交通管理系统而建立的一种在大范围内、全方位发挥作用的，实时、准确、高效的综合交通运输管理系统。

与一般技术系统相比，智能交通系统建设过程中的整体性要求更加严格。这种整体性体现在以下几个方面。

（1）跨行业特点。智能交通系统建设涉及众多行业，是社会广泛参与的复杂巨型系统工程，从而造成复杂的行业间协调问题。

（2）技术领域特点。智能交通系统综合了交通工程、信息工程，通信技术、控制工程、计算机技术等众多科学领域的成果，需要众多领域的技术人员共同协作。

（3）政府、企业、科研单位及高等院校共同参与，恰当的角色定位和任务分配是有效展开智能交通系统建设的重要前提条件。

（4）智能交通系统将主要以移动通信、宽带网、射频识别技术（RFID）、传感器、云计算等新一代信息技术为支撑，更符合人的应用需求，可信任程度提高并变得“无处不在”。

（二）智慧交通的概念

目前对于智慧交通的研究尚处于初始阶段，未形成标准的定义。一般而言，智慧交通系统（Smart Transportation System，STS）是现代信息技术在交通运输领域深度渗透的产物，通过把传感器嵌入公路、桥梁、隧道、航道、港口、车站、载运工具等各种交通运输基础设施和要素中，使之互相连接，形成物联网，再与通信网、互联网连接，实现人类社会与物理系统的整合与交互。

从技术方面看，智慧交通是感知交通、数字交通、掌上交通的组合体，同时智慧交通又是科学交通、人性化交通、创新交通。以下三点应是智慧交通不可缺少的特点。

（1）智慧交通将物联网、云计算、互联网、人工智能等高新技术运用到交通系统中，以提高交通管理服务效率。

（2）智慧交通相比传统交通，更加充分地体现了以人为本、可持续发展的观念。

（3）智慧交通可以提供更精确的信息、更深远的覆盖面、更人性化的服务理念。

（三）智能交通与智慧交通辨析

1. 智能交通与智慧交通的联系

智能交通与智慧交通的联系在于，智能交通与智慧交通都使用新一代信息技术，通过对数据的收集、传输、分析、挖掘、预测、发布来满足出行者的需求，两者在技术、内容层面大部分都是相同的。

2. 智能交通与智慧交通的区别

智能交通是智慧交通的基础，智慧交通是智能交通高级阶段的交通模式，更能体现绿色、高效的理念，它将交通与经济、资源、文化有机地融合起来，实现全面协同发展的智慧城市愿景。

（1）数据采集有差别。智慧交通的数据除了包含智能交通采集的数据，还包括环境、经济、政策、文化等方面的数据，所以智慧交通的数据量要远大于智能交通的数据量。

（2）智能交通着重在数据采集和传输上，而智慧交通则更多关注信息的分析，以挖掘其中的价值，为我们提供决策依据。

（3）从某种意义上来说，智能交通就是利用计算机和网络取代传统的手工流程操作，而智慧交通的实质是用智慧技术取代一部分人工判别和决断的任务。

二、综合交通、绿色交通、平安交通、智慧交通的比较

综合交通、绿色交通、平安交通、智慧交通构成了推动交通运输改革的有机整体，其间有着密不可分的关联，相辅相成，但它们同时又具有各自的特点和侧重的方向。

从各自来看，综合交通是核心，要求各种运输方式既要发展又要融为一体，体现了全面协调的发展理念；绿色交通是引领，在绿色环保的政策引导和生活理念下，绿

色交通对交通运输事业的发展起到指导作用，也为交通运输行为的环保性提供了标准；平安交通是基础，细致、深入、全面地衡量交通行为的安全性并基于此提出发展方向，平安交通是一切交通活动的基础和保障；智慧交通是关键，是结合高新技术开发、维护与支持交通运输系统的无形的重要力量。

从相互之间的关系来看，综合交通涵盖范围广泛，涵盖了各种交通运输方式及其发展方向，包含其他三者；智慧交通依托现代信息技术，可以实现交通的高效快捷、稳定有序，为其他三者提供技术支撑；绿色交通的全新环保理念符合当下可持续发展的政策要求，对综合交通的发展起到引领作用；平安交通则关注交通运输中的主体——人的安全，体现了“以人为本”的思想，为综合运输提供了保障。同时，绿色交通和平安交通之间相互影响，一旦破坏绿色交通，对环境造成一定破坏（如废气排放过多，加重了雾霾），就会对当下或未来的平安交通造成隐患；反之，如果不能保证平安交通，发生交通事故后的废气废油则会对绿色交通造成干扰。

第二节　国外智能交通建设与发展

一、发达国家智能交通建设情况

目前，世界上 ITS 研发比较先进的国家和地区以美国、日本和欧洲为主，呈三足鼎立之势。

（一）美国 ITS 应用广泛

美国从 20 世纪 80 年代开始，将先进的信息技术、数据通信技术、电子控制技术及计算机技术等，有效地综合应用于地面交通管理体系，从而建立起一种大范围、全方位发挥作用的，实时、准确、高效的智能交通系统。

1. 发展重点

早在 1995 年 3 月，美国交通部就公布了《国家智能交通系统项目规划》，明确规定了智能交通系统的七大领域和 29 个用户服务功能。七大领域包括出行和交通管理系统、出行需求管理系统、公共交通运营系统、商用车辆运营系统、电子收费系统、应急管理系统、先进的车辆控制和安全系统。

在战略重点上，美国自 2010 年明确 ITS 战略主题是全面推进多模式车联网综合运输一体化发展，以五年规划为蓝图布局智能交通发展战略。2010—2014 年版战略强调交通的连通性，2015—2019 年版战略重视车辆自动化和基础设施互联互通。2020 年

3 月，美国智能交通系统联合计划办公室（Intelligent Transportation System Joint Program Office）发布了《智能交通系统（ITS）战略规划 2020—2025》，重点提出了六项重点计划，从新兴技术评估研发到具体技术应用部署，从数据权限共享到网络安全保障，从自动驾驶持续推广到完整出行的全人群、全链条出行服务，力求实现 ITS 技术的全生命周期发展。

2. 应用状况

目前 ITS 在美国的应用已超过 80%，而且相关的产品也较先进。美国 ITS 应用在车辆安全系统、公路及车辆管理系统、导航定位系统、商业车辆管理系统方面发展较快。美国在智能公共交通领域已建立起相对完善的车队管理、出行信息、电子收费和交通需求管理四大系统及多个子系统的技术规范标准。

（二）日本 ITS 起步较早

日本早在 1973 年就开始了对智能交通系统的研究，开始研发和应用交通信号控制系统，于 1994 年借助第一届智能交通世界大会的召开，将各种系统纳入 ITS 的体系。

1. 发展重点

1996 年，与 ITS 相关的建设省、运输省、通产省、邮政省和警察厅联合制订总体构想，提出加速推进日本 ITS 建设的议案，主要包括导航仪、电子收费、安全驾驶辅助、自适应交通管理、高效道路管理、公共交通支持、运营车辆效率化、步行者支持和紧急车辆管理等系统。同时，提出用 10 年时间实现各种实用化服务，主要是车辆信息和通信系统的实用化、ETC 的开发和实用化、先进辅助巡航公路系统以及公共汽车运行控制系统的实用化。

日本下一阶段的开发和应用重点主要有两个方面。第一，依托各种先进的通信系统，集成现有的应用系统，为出行者提供更加全面和便利的服务，同时提升道路管理、物流和安全驾驶的水平。第二，通过车路协同改善道路安全，其代表性的开发项目有安全驾驶支持系统。

2. 应用状况

日本的 ITS 主要应用在交通信息提供、电子收费、公共交通、商业车辆管理以及紧急车辆管理等方面。目前在日本已形成了智能交通系统产业链。日本走政府与民间企业相互合作的道路，如日本道路交通信息通信系统（VICS）的运作方式极大地调动了企业的积极性，加速了日本 ITS 的开发与应用。

（三）欧盟 ITS 快速发展

欧盟在 ITS 应用方面的发展速度介于日本和美国之间。

1. 发展重点

在欧洲建立以道路交通为主的无线数据通信网，开发先进的出行者信息服务系统，先进的车辆控制系统，先进的商业车辆运行系统，先进的电子收费系统等。

2. 应用情况

欧盟的ITS开发与应用是与欧盟的交通运输一体化建设进程紧密联系在一起的。欧盟ITS发展的重点是利用通信系统将道路、车辆、卫星和计算机进行集成，其远景是将各国独立的系统逐步转变为车与车、车与路、车与人的合作系统，实现人和物的移动信息互操作、一票制和移动支付。

从研究结果看，其研究领域和系统功能与美、日大致相同。但由于欧盟国家有着不同的文化背景和法律制度，欧盟国家的ITS发展中出现了许多日、美不曾遇到的问题。例如，欧盟各国的法律制度和技术标准不同，为了实施统一的ITS，标准化就成为欧盟的首要任务。

二、经验借鉴

（一）未来智能交通发展趋势

国际权威机构普遍认为，未来城市交通将发生颠覆性改变。麦肯锡咨询公司认为未来出行方式将呈现七大趋势：共享移动性、汽车电气化、自动驾驶、新型公共交通、可再生能源、新型基础设施、物联网普及。

新一代信息技术的创新为未来城市注入了源源不断的动力，推动安全、便捷、高效、绿色、经济的综合交通体系呈现跨越式进步。未来交通将依托万物互联的大数据感知，以城市的精明治理和人的出行为核心，以新一代交通基础设施和新一代交通工具为载体，实现按需响应的新型智能交通服务。

（1）未来城市更加关注交通需求的精准管控、交通管理的精明控制和交通服务的个性提供。未来城市更多强调治理而非管理，强调政府服务转型、服务协同和创造社会价值，城市发展将突出精明治理、精明增长。因此，未来城市治理体系将凝聚城市战略体系、空间规划体系、公共政策体系和治理机制体系等。

（2）未来复杂交通巨系统要求构建一个万物互联、多元化、多维度的交通大数据全息感知体系。物理技术、数字技术和生物技术的融合创新与高速发展，为实现城市的万物互联提供基础。数字化与信息化作为城市发展的重要基础，通过加强无线通信和传感系统的发展，构建新一代信息感知环境，这促使未来交通系统发展成为集多源传感、机器视觉、计算机网络等技术的复杂巨系统，系统体系更加庞大、组织更加复杂、需求更加多样、范围更加宽广。未来复杂交通巨系统要求智能交通系统应具备全面感知、高效传输与智能控制的功能，以满足未来城市和交通系统的大数据全息感知体系。

（3）未来交通重点关注可持续移动性，更强调服务于人的出行需求和多方协同参与。未来城市的关注点将从交通的通行能力向出行的可达性、公平性与可持续性转变，更注重多种出行方式的融合与出行环境提升，公众需求越来越得到政府和服务行业的重视，将交通规划师、交通运营商、普通市民等相关利益团体联合起来，让他们全面、透明地参与交通可持续移动性规划，从而构建高效、公平、健康的城市交通环境，营造宜居宜业的城市生态圈。

（4）未来的出行服务强调以多模式、网络化、协同化的方式，向用户提供满足个性化需求、注重服务体验的全过程、一体化出行服务。未来的交通将以满足不同出行者的个性化需求为目标，制订符合实际需求的服务方案，提供差异化、多样化的服务，对出行链进行一体化整合与优化，以高品质、高效率的服务满足市民出行的需要。

（二）欧美国家和地区智慧交通建设的核心内容

欧美国家和地区智慧交通建设的核心内容（见表 5–1）主要体现在以下 4 个方面。

（1）智慧感知，如智慧路灯。

（2）智慧决策，如智慧停车、定制化货运。

（3）智慧运营，如共享无人驾驶汽车。

表 5–1　欧美国家和地区智慧交通建设的核心内容

核心内容	美国			欧洲		
	纽约	芝加哥	旧金山	阿姆斯特丹	伦敦	佛罗伦萨
智慧停车	√	√	√	√	√	√
智慧接驳	√	√	√	√	√	
定制化交通信息	√	√	√	√	√	√
智慧交通信号灯控制系统	√	√	√	√	√	
自适应通信连接汽车	√		√			
共享无人驾驶汽车	√		√	√	√	√
智慧路灯	√	√	√	√	√	√
定制化货运	√	√	√	√	√	√
机器人取货	√	√	√		√	
智慧物流	√	√	√	√	√	√

（4）智慧服务，如智慧接驳、定制化交通信息。

（三）智能交通应用成功的关键因素

1. 规划先行

美国成立了 ITS 领导协调机构，综合本国多方面的力量，于 1991 年制定了《综合陆上运输效率化法》，并拟定了 20 年发展计划。1995 年 3 月，美国运输部公布了《国家智能交通系统项目规划》，明确规定了 ITS 七大领域和 29 个用户服务功能，并确定了到 2005 年的年度开发计划。

日本在 1996 年制定了 ITS 发展纲要——《推进 ITS 总体构想》，描绘了延续 20 年的 ITS 发展计划，其内容涵盖了 ITS 各子系统的应用和系统产品研发，以及改善基础设施建设等内容。

欧盟成员国也联手推动本区域的 ITS 发展，于 1985 年成立了欧洲道路运输信息技术实施组织（TRICO），该组织主要负责实施智能道路和车载设备研发的计划。从 1986 年起，西欧国家开始在“欧洲高效安全交通系统计划（PROMETHEUS）”和“保障车辆安全的欧洲道路基础设施计划（DRIVE）”两大计划指导下开展交通运输信息化领域的研究、开发与应用。

新加坡陆路交通管理局（LTA）和新加坡智能交通协会（ITSS）联合发布“新加坡智能通行策略规划 2030”。韩国国土交通部牵头制订了全面的智能交通系统框架结构和发展计划。

2. 制定标准

综论美日欧及其他国家和地区各自的 ITS 发展模式，它们具备一个共同点，就是国家非常重视制定 ITS 规范与标准。例如，美国建立了国家运输 ITS 通信协议（NTCIP）；日本政府指定日本汽车委员会制定日本 ITS 标准，1997 年，日本 TC204 委员会完成了专用短程通信技术（DSRC）标准制定工作；欧洲电信标准化协会（ETSI）和欧洲标准化委员会（CEN）确认，已经根据欧盟委员会要求完成车辆信息互联基本标准的制定，该标准将确保不同企业生产的交通工具之间能够相互“沟通”，并能与道路基础设施“沟通”。

3. 大力投资

据不完全统计，20 世纪 90 年代，美国政府共投资 13 亿美元用于 ITS 项目研究，从其发展规划看，20 年内 ITS 的投资预算约 400 亿美元；1995 年至 1999 年，日本 ITS 的研发在四省一厅的主导下共投入 3000 多亿日元；欧盟从 1984 年到 1998 年仅用于 ITS 共同研究开发项目的预算就达 280 亿欧洲货币单位。

4. 智慧管理

各国对交通管理手段尽显智慧。除去试点项目和重点项目推进 ITS 外，美国国家公路交通安全管理局制定措施要求全美新上路的汽车和其他小型车辆安装车对车通信系统，强制推广车际通信；瑞典斯德哥尔摩收取交通拥堵税，依据需求设计智能收费系统，在通往斯德哥尔摩城区的主要出入口处设置多个路边控制站，通过相关技术和先进的自由车流路边系统，自动连贯地对进入城区的车辆进行探测、识别和收费；新加坡引进了各种技术系统，其中包括电子道路收费系统，它使用短程无线电通信网络系统从智能卡扣费，而不是向车辆扣费；墨尔本设计别具特色的交通设施，并采取"早起免费乘车"措施，提供免费乘坐电车服务、免费停车区等。

5. 多方参与

在美国的 ITS 建设发展过程中，美国各级政府之间协调一致，其发展资金基本通过公路信用基金等传统方式由联邦、州和各级地方政府提供，而且还通过创新的投资机制调动私有制企业发挥企业的投资积极性，使其支持 ITS 的开发和建设。日本将汽车业相关税收作为 ITS 研发资金的主要来源，研发资金在使用上基本遵循九一法则，即 90% 用于 ITS 实施，10% 用于 ITS 研发，通过政府与民间企业的协作配合，提高了日本 ITS 研发的效率，加速了 ITS 建设和应用的进程，成功地开发了车辆信息通信系统。

纽约大都会运输署（MTA）已经举办了多年的交通运输 APP 评选，鼓励民众积极参与智能交通建设。西雅图前市长启动了一项堪称惠及未来 10 年的全景式"西雅图动起来"计划，内容涵盖行走、骑车、驾驶和运货模式的创新以及效率评估。

6. 因地制宜

"9 · 11"事件使美国政府对交通安全问题进行了更深入审慎的思考，对 ITS 保护出行者安全、有效预防恐怖袭击、快速反应和评估交通灾难程度、快速恢复交通能力、保证快速疏散和隔离的功能提出了更全面完善的要求，对安全防御、用户服务、系统性能和交通安全管理方面投入更多研究，确定了今后美国 ITS 的重点研发方向——ITS 在美国安全体系中起维护地面交通安全的作用。根据美国交通基础设施特点和实际需要，ITS 安全设施已建立起相对完善的车队管理、公交出行信息、电子收费和交通需求管理四大功能及多个子系统的技术规范标准。

日本建设省组织了以丰田公司为首的多家公司联合研发自动化公路系统（AHS）。近年来，日本政府开发了全国公路电子地图系统，打开了车辆电子导航市场，已有大量车内导航系统在市场上应用。这都是日本政府注重 ITS 诱导建设所取得的成果。此外，日本的 ITS 建设体现在交通信息提供、电子收费、公共交通、商业车辆管理及紧急车辆优先等方面。

欧盟以构建 ITS 基础平台为中心，其 ITS 总体建设速度介于日本和美国之间。欧盟目前正在全面应用开发远程信息处理技术（Telematics），通过全欧盟无线数据通信网实现 ITS 的交通管理、电子导航和电子收费等功能。目前，在商业车辆运行系统、旅行信息系统、车辆控制系统等方面取得了先进的研发成果。美国、日本、欧洲等发达国家和地区的 ITS 发展已进入成熟的实施阶段。

7. 研发新技术

各国都重视新技术研发，投入大量的人力、物力以及资金在智能交通系统相关的新技术研发上。美国的 ITS 研发公司在 600 个以上，其中半数以上为美国大型公司，包括航空和工业公司；欧洲的智能交通处于国际领先水平，至今已有相当一部分的研究成果投入实际的应用当中；日本高速公路在智能交通领域具有较高技术水平，目前已经形成了全方位的交通情报数据采集系统和信息发布系统。

在美日欧，智能交通已不仅仅局限于缓解交通拥堵、处理交通事故、减少交通污染等，而是进一步成为解决能源短缺、发展新兴产业、提升国家安全、增强国际竞争力的战略性步骤。

第三节　我国智能交通与智慧交通的建设与发展

一、建设情况

（一）演变历程

相比发达国家，我国智能交通建设起步时间较短，智能交通向智慧交通的演变历程，大致可以概括为以下三个发展阶段。

1. 20 世纪 90 年代中期—2007 年：智能交通建设期

我国智能交通研究开始于 20 世纪 70 年代末，北京、上海、广州等大城市于这一时期开始开展交通信号控制的研究工作。80 年代后期，我国开始了智能交通基础性的研究和开发工作，包括优化道路交通管理、交通信号采集、开发驾驶员考试系统等。90 年代开始建设交通控制中心，并开展了驾驶员信息系统、城市交通管理的诱导技术等方面的研究。自 20 世纪 90 年代中期开始，我国开展了智能交通系统的发展战略、体系框架、标准体系等研究，集中进行了智能交通关键技术攻关和试点示范。

2. 2008—2011 年：智慧交通概念的提出

2008 年底，智慧城市在中国首次提出并引起各方关注，IBM 抓住机遇连续召开多场针对中国市场的研讨会，并与中国许多城市达成战略合作，智慧交通作为智慧城市中的关键部分也引起了社会各界的研究兴趣。

3. 2012 年至今：智慧交通开启建设序幕

2012 年，我国成立了智慧城市创建工作领导小组，智慧交通是智慧城市的重要组成部分，由此智慧交通开启了建设序幕。

2013 年，交通运输部原部长杨传堂提出了建设“综合交通、智慧交通、绿色交通、平安交通”的发展理念，将智慧交通作为国家交通运输行业的重点建设内容之一。

2016 年，交通运输“十三五”发展规划中提出“要求各地开展智慧交通示范工程”。

2017 年，交通运输部颁布《智慧交通让出行更便捷行动方案（2017—2020 年）》，中国智慧交通进入全面建设阶段。

2019 年，《交通强国建设纲要》将智慧交通作为行业发展的重点任务之一，中国智慧交通进入快速发展时期。

（二）应用情况

目前，我国智能交通系统已从探索阶段进入实际开发和应用阶段。

1. 应用领域

目前我国智能交通主要应用在公路交通信息化、城市道路交通管理服务信息化以及城市公交信息化领域。

在公路交通信息化方面，北京实施了“科技奥运”智能交通应用试点示范工程，广州、中山、深圳、上海、天津、重庆、济南、青岛、杭州等作为智能交通系统示范城市也各自进行了有益的尝试。

在公路收费领域中，全国多个省市高速公路 ETC 正式联网运行，京津冀、长三角地区逐步展开跨省区的收费系统的建设。

在城市道路交通管理服务信息化方面，南京市城市智能云交通诱导服务系统通过综合分析人、车、路等交通影响因素，利用各类信息发布手段，为道路使用者提供最优路径引导信息和各类实时交通信息服务，为众多出行者优化出行路径。厦门市交通运行监测指挥中心则通过检测设备、视频巡逻、电话、微信、微博等多元化渠道采集道路交通信息，通过室外诱导屏、网站、手机等方式及时发布信息。

在城市公交信息化方面，多个城市入选公交都市建设示范工程创建城市，在提高公共交通系统的吸引力、调控城市交通需求总量和出行结构、提高城市交通运行效率等方面进行了积极探索并取得了一定成效。

2. 企业分布

国内从事智能交通行业的企业有 2000 多家，主要集中在道路监控、高速公路收费、3S（GPS、GIS、RS）和系统集成环节。平安城市建设为道路监控提供了巨大的市场机遇，国内约有500家企业从事监控产品的生产和销售。高速公路收费系统是中国非常有特色的智能交通系统，国内有200多家企业从事相关产品的生产，并且国内企业已取得了具有自主知识产权的高速公路不停车收费双界面CPU卡技术。在3S领域，国内虽然有200多家企业，但能够实现系统功能的企业还比较少。尽管国内从事智能交通的企业水平参差不齐，但其中专注于特定领域的企业经过多年的发展，已在相关领域取得了不错的成绩。一些龙头企业在高速公路机电系统、高速公路智能卡、地理信息系统和快速公交智能系统领域占据了重要的地位。

（三）制约我国智能交通发展的四大难题

1. 关键核心技术

关键核心技术问题是影响我国智能交通产业竞争力的主要问题。目前我国市场的智能交通中高端产品主要是国外品牌，关键核心技术主要依赖进口。即使是发展最快、推广范围最广的智能交通行业管理和智能导航产业也不例外。

此外，在智能交通行业管理方面，关键设备和技术也是依赖于进口。关键核心技术的缺乏不仅使智能交通产业在发展过程中不断付出昂贵的技术使用成本，同时产业的命脉也会被国外企业扼制。

2. 技术的标准化

由于产品没有标准化，市场准入缺乏适当标准和门槛，任何投资商都可以自由进入，导致产品质量缺乏保障，降低了消费者对产品的信心。

3. 产业链整合

我国智能交通企业的专业化生产程度很低，仍然处于孤军奋战的状态，尚未形成完整的产业链。

4. 市场培育

目前，即使是在国家智能交通示范城市，智能交通产品和服务市场也只是部分形成，顾客对大多数智能交通产品和服务还认识不足。

二、国家新一代智能交通总体框架及建设重点

我国提出了国家智能交通体系框架，但该体系框架更多侧重于公路和城市交通领域，对铁路、水运、民航等涉及不足，对各种运输方式的协同联动关注也较少。同时，随着大数据、物联网、云计算、互联网等新技术的快速发展和推广应用，以及自动化等技术的逐步成熟，交通新业态、新模式层出不穷，原有智能交通体系已不能适应新时期我国交通运输的发展形势，需要更新和完善。面对形势要求，国家发展改革委和交通运输部联合发布了《推进“互联网+”便捷交通促进智能交通发展的实施方案》，

提出了逐步构建“三系统、两支撑、一环境”的智能交通体系框架，在基础设施建设、产业发展、运行服务和技术应用等多个方面进行了详细的安排，同时覆盖了城市交通、公路、铁路、航空、水运。该总体框架不仅对ITS的开发和应用做出了安排，还特别注意推动智能交通前沿技术研发和对战略性新兴产业的支持，如新一代国家交通控制网、车路协同、智能汽车、列车自动运行、综合枢纽协同、高速宽带无线互联和高速无线局域网等。

（一）“三系统”

1. 完善智能运输服务系统

（1）打造“畅行中国”信息服务。加强政企合作，支持互联网企业和交通运输企业完善各类交通信息平台，形成涵盖运输、停车、租赁、修理、救援等领域的综合出行信息服务平台，实现全程、实时、多样化的信息查询、发布与反馈过程。增强国家交通运输物流公共信息平台服务功能，建设行业数据交换节点。充分利用新型媒介方式，建设多元化、全方位的综合交通枢纽。提高交通动态信息板等可视化智能引导标识布设密度。完善交通广播等传统媒介功能，扩大高速公路交通广播覆盖范围。

（2）实现“一站式”票务支付。稳步推进全国道路客运联网售票系统建设，推动实名制长途汽车客运、重点区域水路客运电子客票试点应用，旅客凭身份证件、电子凭证可实现自助购（取）票、检票、进出站。推动机票、道路客运售票系统等向互联网企业开放接入，积极研究铁路客票系统开放接入条件，鼓励互联网企业整合集成，为旅客提供全方位、联程客票服务，形成面向全国的“一站式”票务系统。稳步推进交通一卡通跨区（市）域、跨运输方式互联互通；加快移动支付方式在交通领域的应用。

（3）推进高速公路电子不停车收费（ETC）系统拓展应用。以提高通行能力、缓解交通拥堵、减少排放为重点，提高全国高速公路ETC车道覆盖率。提高ETC系统安装、缴费等的便利性，加大用户发展力度，着重提升道路客运车辆、出租车等各类营运车辆使用率。研究推广标准厢式货车不停车收费。提升客服网点和省级联网结算中心服务水平，建设高效结算体系。促进ETC系统与互联网深度融合，实现ETC系统在公路沿线、城市公交、出租车、停车、道路客运、铁路客运等交通领域的广泛应用。

（4）推广北斗卫星导航系统。推动各种全球卫星导航系统在交通运输行业的兼容性与互操作性。加强全天候、全天时、高精度的定位、导航、授时等服务对车联网、船联网以及自动驾驶等的基础支撑作用。鼓励汽车厂商为汽车配置北斗用户端产品，推动北斗模块成为车载导航设备和智能手机的标准配置，拓宽其在列车运行控制、车辆监管、船舶监管等方面的应用，更好地服务于旅客出行和现代物流。

（5）推动运输企业与互联网企业融合发展。充分发挥运输企业和互联网企业各自优势，鼓励线上线下资源整合，为公众提供多元化、高品质服务。发掘和满足旅客潜在需求，依托线下资源向线上拓展，延伸服务链条，创新商业模式。发挥互联网面向个性化需求、响应及时、组织高效等特点，积极整合线下资源，通过定制承运、网络预约出租汽车、分时租赁等方式，在道路客运、货运物流、停车、汽车维修等领域，发展"互联网+"交通新业态，并逐步实现规模化、网络化、品牌化，推进大众创业、万众创新。鼓励运输企业和互联网企业进行战略合作，实现其在信息资源、技术和业务等方面的深度融合。

2. 构建智能运行管理系统

（1）完善交通管理控制系统。全面提升铁路调度指挥和运输管理智能化水平。推进新一代国家交通控制网、智慧公路建设，增强路网运行管理能力。建设智慧港口，提高港口管理水平与服务效率；建设智慧航道，提升内河高等级航道运行状态在线监测能力；建设智慧海事，基于国家北斗地基增强系统和船舶自动识别系统，建设重点船舶全程跟踪和协同监管平台；推动E航海示范工程建设，为船舶提供辅助导航服务。完善现代空管系统，加强航空公司运行控制体系建设。推广应用城市轨道交通基于无线通信的列车控制系统。优化城市交通需求管理，完善集指挥调度、信号控制、交通监控、交通执法、车辆管理、信息发布于一体的城市智能交通管理系统。推进部门间、运输方式间的交通管理联网联控。

（2）提升装备和载运工具自动化水平。提升铁路计算机联锁、编组站系统自动化程度，建设无人化集装箱码头系统，有序推动无人机自动物流配送，稳步推进城市轨道交通自动驾驶。推广应用集成短程通信、电子标识、高精度定位、主动控制等功能的智能车载设施；建设智能路侧设施，提供网络接入、行驶引导和安全告警等服务；加强车路协同技术应用，推动汽车自动驾驶。推进自主感知全自动驾驶车辆研发，根据技术成熟程度逐步推动应用。鼓励研发定制化智能交通工具。

（3）推进旅客联程联运和货物多式联运。推进各运输方式间智能协同调度，实现信息对接、运力匹配、时刻衔接。推动旅客客票向"一票制"、货物运单向"一单制"发展。依托移动互联网促进客运、物流信息整合，鼓励发展客货无车承运，实现一体衔接。加强多式联运、交通枢纽物流园区、城市配送、危险品运输、跨境电子商务等专业化经营平台信息互联互通，提升大宗物资、集装箱、快递包裹等重点货物运输效率。积极推动长江及长三角地区江海联运与多式联运信息服务平台建设。鼓励中国铁路95306综合物流网络平台开发物流配送手持应用等服务。引导相关企业完善甩挂运输管理信息系统，进一步完善民航领域离港系统、航空物流信息平台。

3. 健全智能决策支持系统

（1）建设安全监管应急救援系统。建立集监测、监控和管理于一体的铁路网络智能安全监管平台。依托国家安全生产监管平台，建设交通运输安全生产监管信息化工程。完善运行监测与应急指挥系统，加快省级和中心城市系统建设，加强对重点营运车辆和重点运输船舶的监管。提升民航飞机在线定位跟踪能力，建设民用无人机安全飞行智能监管平台。提升城市轨道交通运营安全监管能力。加快推进“绿盾工程”建设，完善邮政快递安全监管平台。充分利用互联网技术，建立跨部门联防联控体系，加强交通、公安、安监、气象、国土等部门间的信息共享和协调联动，完善突发事件应急救援指挥系统。

（2）完善决策管理支持系统。加强交通规划、投资、建设、价格等领域信息化综合支撑能力，完善综合交通统计信息决策支撑体系。充分利用政府、企业、科研机构、社会组织等数据资源，挖掘分析人口迁徙、公众出行、枢纽客货流、车辆船舶行驶等方面的特征和规律，加强对交通规划建设、运营管理和政策制定等决策的支撑。推动交通运输网上行政许可“一站式”服务，推进许可证件（书）数字化，促进行政许可、服务监督的信息化和互联互通。加快推动交通运输行政执法案件电子化，实现行政执法案件信息异地交换共享和联防联控。推进非现场执法系统试点建设，实现综合巡检和自动甄别。推动汽车电子健康档案系统和汽车维修配件追溯体系建设。

（二）“两支撑”

1. 加强智能交通基础设施支撑

（1）建设先进感知监测系统。以提升运行效率和保障交通安全为目的，加强交通基础设施网络基本状态、交通工具运行、运输组织调度的信息采集，形成动态感知、全面覆盖、泛在互联的交通运输运行监控体系。基本形成覆盖全国的铁路设施设备运行状况监控网络。推动国家公路网建设和运行的监测、管理和服务平台构建，完善监测网点布设，深化公路、水运工程基础设施质量安全状态感知监测及大数据应用。加快推进内河高等级航道数字化建设，大力推广应用电子航道图。加强城市地面交通、轨道交通、枢纽场站等运行状况信息采集能力。建设交通节能减排监测网点，加强分析预警。

（2）构建下一代交通信息基础网络。加快车联网、船联网建设，在民航、高铁等载运工具及重要交通线路、客运枢纽站点提供高速无线接入互联网的公共服务，扩大网络覆盖面。进一步完善全国高速公路信息通信系统等骨干网络，提升接入服务能力。探索应用交通运行控制、运营管理和信息服务的通信网络新技术，建设铁路下一代移动通信系统，布局基于下一代互联网和专用短程通信的道路无线通信网。研究规划分配智能交通频谱。

（3）强化交通运输信息开放共享。推动跨地域、跨类型交通运输信息互联互通，依托国家及行业数据共享交换平台和政府数据开放平台，促进交通领域信息资源高度集成共享和综合开发利用，完善综合交通运输信息平台功能。按政务公开的有关规定，政府交通信息资源分级分类向社会开放，鼓励基础电信企业和互联网企业向小微企业和创业团队开放资源。鼓励发展交通大数据企业，创新数据产品，更好地支撑企业运营管理和政府决策。

2. 全面强化标准和技术支撑

（1）制定完善技术标准。制定交通运输行业基础性数据共享相关标准，拟定政府公开数据集规范。结合技术攻关和试验应用情况，推进制定人车路协同国家通信标准和设施设备接口规范，开展专用无线频段分配工作。以共性基础标准为重点，构建与国际接轨的中国智能汽车标准体系。统一内河电子航道图标准，制定内河船舶射频识别标准。推动交通支付系统和设备标准化。制定物流信息平台相关技术标准。加快国家智能交通技术标准国际化。推动核心关键技术研发应用和技术标准制定推广。

（2）积极研发和应用智能交通先进技术。把握现代信息技术发展趋势，适应智能交通发展市场需求，在以下领域提升自主创新能力，突破交通关键核心技术，做好试点示范推广和产业化应用，着力解决交通运输领域存在的瓶颈。

①铁路和城市轨道交通自动运行技术。

从优化运行系统结构、提高行车密度、强化车地信息交互及控制功能等方面，积极发展列车自动控制系统。开展全自动运行系统关键技术攻关，在车载设备休眠和自动唤醒、故障情况下应急控制、车载设备小型化等方面实现突破。研发城市轨道交通智能检测维修系统，实现设备故障预警和隐患排查。

②车联网和自动驾驶技术。

加大对基于下一代移动通信及下一代移动互联网的交通应用技术研发支持力度，发展面向交通安全和自动驾驶的人车路协同通信技术，基于交通专用短程通信技术和现有电子不停车收费技术实现车路信息交互，研发并利用具有自主知识产权的长期演进技术，开展智能汽车示范应用。示范推广车路协同技术，鼓励主动安装具有电子标识、通信和主动安全功能的车载设施。推动高精度的地图、定位导航、感知系统，以及智能决策和控制等关键技术研发。开展自动驾驶核心零部件技术自主攻关。充分利用大数据和云计算，实现智能共享和自适应学习，提高驾驶自动化水平。

③智能港航和船舶技术。

在航海领域推广应用北斗卫星导航系统，提高船舶定位精度。研发下一代星基、陆基甚高频数据交换系统（VDES）和新型海上安全信息数字广播系统，开发应用具有自主知识产权的基于应用需求的电子海图和电子航道图应用船载终端，建设航海公共服务平台。出台技术标准，加快船舶交通管理系统的国产化进程，促进船舶交通管理系统的区域和全国互联，实现海上智能交通管理。

④新一代空中交通管理技术。

发展新一代空中交通管理系统，实现通信、导航、监视、信息管理和航空电子设备全面演进，重点发展地空数据链技术等通信新技术。完善陆基导航的设施和布局，满足仪表运行和基于性能的导航运行需求，逐步推动从陆基导航向星基导航过渡。开展多功能监视雷达、低空监视技术等新监视技术的研究工作。研究并推进广域信息管理技术应用。发展空中导航、空中防撞、机场地图和交通信息显示等先进航电技术。

⑤智能城市交通管理技术。

加强大范围交通流信息采集、交通管理大数据处理、交通组织和管控优化、个性化信息服务等技术研发。进一步提升自主研发交通信号控制系统等在设备精确度、稳定性方面的技术水平，并大规模推广使用。

（3）大力推动智能交通产业化。加快建立技术、市场和资本共同引领的智能交通产业发展模式。发挥企业主体作用，鼓励交通运输行业科技创新和新技术应用。推动智能交通基础设施规模化、网络化、平台化和标准化，营造开放的智能交通技术开发应用环境。

（三）“一环境”——营造宽松有序的发展环境

（1）构建公平有序的市场环境。放宽市场准入，鼓励社会资本积极参与交通新业态发展，完善相关支持政策，创造宽松发展环境。推动交通公共资源优化配置，实现不同市场主体在使用交通设施方面的同等待遇。

（2）推动信用信息双向对接。推动公共信用信息开放，支持市场主体依法获取承运人守法信用、银行信用以及“信用中国”网站相关公共信用信息，加快共享交通发展。将各类市场主体形成的承运人信用记录纳入全国信用信息共享平台。

（3）创新行业监管方式。各地应建立和健全部门联动协同监管机制，实行事前事中事后监管，依法规范网络预约出租汽车等新业态发展。不断提高行业监管水平和透明度。密切跟踪大规模市场兼并重组行为，加大力度甄别并处罚垄断及不正当竞争行为。

（4）健全网络安全保障体系。加强网络安全风险防控，提升技术保障能力，加强重点网站、信息系统和客户端的运行安全监测，定期开展安全隐患排查，增强应急处置能力。增强国家信息安全责任意识，保障高精度、高敏感的交通信息安全，防止侵犯个人隐私和滥用用户信息等行为。提供交通服务的互联网平台企业数据服务器须设置在我国境内。

（5）完善相关法律法规。结合交通新业态发展特点，抓紧制定相关法律法规，规范引导行业发展。明确车辆、驾驶员等生产要素的市场准入标准，制定交通互联网服务标准。健全与行业发展相适应的税收制度。明确交通互联网服务企业及相关方在交通运输安全、信息安全、纠纷处置等方面的权利、责任和义务。研究制定智能汽车相关法规。

规划与运用篇

第六章　交通运输网络及其规划

第一节　交通运输网络

交通运输网络是由交通运输线路、港站、枢纽等组成的整体。它是交通运输工具得以运行、装卸机械能够进行作业的基础。

一、铁路网

（一）铁路网基本构成

1. 铁路

（1）铁路构成。

铁路由路基和桥隧建筑物、轨道等组成。其中，路基是铁路线路承受轨道和列车载荷的基础结构物。按地形条件及线路平面和纵断面设计要求，路基横断面可以修成路堤、路堑和半路堑三种基本形式。轨道是列车运行的基础，它主要由钢轨、联结零件、轨枕、道床、防爬设备以及道岔等组成。根据运量和最高行车速度等运营条件，将轨道分为特重型、重型、次重型、中型和轻型五个等级，每米长重量分别对应70kg、60kg、50kg、43kg、38kg。

（2）铁路分级。

铁路等级是铁路的基本标准。铁路的技术标准和装备类型都要根据铁路等级去选定。

铁路等级的划分可从不同角度或类型进行，包括路网地位型、客货取向型、时速型、线数型等。实践中，铁路等级是技术等级（如运输能力、列车速度等技术标准）和社会等级（如在经济领域的作用和地位等功能定位）的综合。

我国的行业标准《铁路线路设计规范》（TB 10098—2017）中规定，客货共线铁路分为Ⅰ级、Ⅱ级、Ⅲ级和Ⅳ级四个等级。其中，Ⅰ级铁路为铁路网中起骨干作用的铁路，或近期年客货运量≥20Mt者；Ⅱ级铁路为铁路网中起联络、辅助作用的铁路，或近期年客货运量＜20Mt且≥10Mt者；Ⅲ级铁路为服务于某一区域或企业的铁路，或近期年客货运量＜10Mt且≥5Mt者；Ⅳ级铁路为服务于某一区域或企业的铁路，或近期年客货运量＜5Mt者。

（3）铁路分类。

基于不同角度，铁路有不同的分类，比如，按所有权和经营权分类可分为国有铁路、地方铁路和私营铁路；按机车牵引类型分类可分为电气化铁路、内燃牵引铁路和蒸汽牵引铁路；按用途分类可分为营业铁路、专用铁路等；按运输过程中的分工分类，铁路可分为正线、站线、段管线、岔线和特殊用途线；按运行制式，铁路可分为客货混线、客运专线和货运专线；按正线数量分类可分为单线铁路、双线铁路和多线铁路；按轨距分类，铁路可分为宽轨、标准轨和窄轨。标准轨是指1937年制定的1435mm轨距，轨距比标准轨更宽的称为宽轨，更窄的则称为窄轨。世界上大约60%的铁路是标准轨。

（4）铁路主要技术标准。

铁路主要技术标准包括铁路等级、正线数目、限制坡度、最小曲线半径、牵引种类、机车类型、机车交路、车站分布、到发线有效长度和闭塞类型等。其中，铁路等级是铁路的基本标准，其他各项标准的确定都与铁路等级有关。为了保证线路的运输能力，对线路上运行列车的重量有一定要求，对线路的坡度有一定的限制。用于确定列车重量的最大坡度称为限制坡度，由限制坡度确定的列车重量称为牵引定数。限制坡度越小，所能牵引的列车重量越大，线路运输能力越大。

（5）线路标志。

线路标志应埋在计算里程方向的线路左侧。常见的线路标志有公里标、半公里标、曲线标、圆曲线终点标、缓和曲线终点标、桥梁标、坡度标。

（6）信号设备。

信号设备主要包括铁路信号、联锁设备、闭塞设备等。

①铁路信号。

铁路信号是指示列车运行和调车工作的命令。可分为视觉信号（信号机、手信号）和听觉信号（汽笛、口笛的鸣示）两类，还可分为固定设置的固定信号（信号机）和临时设置的移动信号（信号牌）两种。

②联锁设备。

车站道岔区上道岔的不同开通方向构成多条作业进路。为了保证车站内行车和调车作业安全，必须实现进路、道岔及信号机三者的联系和制约，这称为联锁。

③闭塞设备。

闭塞设备是用来保证列车区间运行安全，并提高区间通过能力的区间信号设备。

它能控制列车运行，保证在一个区间内的同一时间内只能有一辆列车占用。目前基本闭塞方法有电气路签（牌）闭塞、半自动闭塞（由人工来办理站间闭塞及开放出站信号的手续而由出发列车自动关闭出站信号机）、自动闭塞（列车运行时自动控制通过的信号机的显示）。前一种只能用于单线，后两种可用于单、双线。

2. 铁路车站

车站按技术作业性质可分为中间站、区段站、编组站；按业务性质可分为客运站、货运站、客货运站。在车站内除了有与区间直接连通的正线，还有供接发列车用的到发线、供解体和编组列车用的调车线和牵出线、供货物装卸作业的货物线、为保证安全而设置的安全线与避难线，以及供其他各种作业使用的线路，如机车行走线、存车线、检修线等。

（1）中间站。

中间站是为提高铁路区段通过能力、保证列车安全和为沿线城乡服务而设的车站。其主要任务是列车的到发、会让和越行，以及客货运业务。

（2）区段站。

区段站多设于中等城市和铁路网上的牵引区段分界处，以办理无改编中转货物列车为主，仅解编少量的区段、摘挂列车。

（3）编组站。

编组站是铁路网上办理大量货物列车解体和编组作业，并设有比较完善调车设备的车站。编组站和区段站统称为技术站，但编组站的主要任务是解编各类货物列车，而且多数是直达列车和直通列车。

（4）铁路枢纽。

在铁路网的交汇点或终端地区，由各种铁路线路、车站以及其他为运输服务的有关设备组成的总体，称为铁路枢纽。

（二）铁路网建设

截至 2021 年底全国铁路营业里程 15 万 km，其中高铁营业里程 4 万 km。铁路复线率为 59.5%，电化率为 73.3%。全国铁路路网密度为 156.7km/ 万 km^2。

1.“八纵八横”高速铁路建设情况

2016 年，国家发展改革委、交通运输部、中国铁路总公司联合印发《中长期铁路网规划》（发改基础〔2016〕1536 号），明确提出构建“八纵八横”高速铁路主通道。“八纵”通道：沿海通道、京沪通道、京港（台）通道、京哈 – 京港澳通道、呼南通道、京昆通道、包（银）海通道、兰（西）广通道；“八横”通道：绥满通道、京兰通道、青银通道、陆桥通道、沿江通道、沪昆通道、厦渝通道、广昆通道。

据统计，“八纵八横”规划总里程约 4.56 万 km，目前已建设完成近七成。剩余段落大部分均已开工或即将开工。由于中西部山区线路建设难度大，如西宁至成都铁路、渝昆高铁云南段、西渝高铁、重庆至黔江高铁等，工期需要 5~6 年，预计到 2026 年“八纵八横”通道基本建成。

（1）截至 2021 年 2 月，“八纵八横”中已建成的通道。

【第二纵之一】京沪主通道（京沪高铁）。全长 1318km，不含京沪二通道，另包括南京—杭州、蚌埠—合肥—杭州高铁两条支路，也是我国一次性建成的速度标准最高的高速铁路通道。

【第四纵】京哈－京港澳通道。哈尔滨至北京至香港和澳门，由京哈高铁、京广高铁、广深港高铁和广珠澳高铁组成，广珠澳段利用既有广珠城际铁路，远期规划有广中珠澳高铁。

【第四横】陆桥通道。乌鲁木齐至连云港，自东向西由徐连高铁、郑徐高铁、郑西高铁、西宝高铁、宝兰客专、兰新客专等 6 条新建高铁组成，设计时速 250~350km，总里程 3417km。

【第六横】沪昆通道。上海虹桥至昆明南，全长 2252km，设计时速 350km，自东向西由沪杭高铁、杭长高铁、长昆高铁三段组成，2016 年随着长昆高铁贵阳至昆明段的开通实现了全线贯通。

【第八横】广昆通道。由南昆客专和南广客专组成，全长 1283km，于 2016 年全线贯通，设计时速 250km。

（2）“十四五”期间加快建设的通道。

【第一纵】沿海通道。总里程约 4900km（不含规划外项目），设计时速 200~350km。包括深江高铁、津潍高铁、通苏嘉甬高铁、合湛高铁。

【第二纵之二】京沪二通道（单列）。京沪二通道是京沪高铁辅助通道，长 1440km。天津至潍坊以及潍坊至新沂至宿迁（洋河北）段未开工，预计 2026 年贯通。

【第三纵】京港（台）通道。包括主线和联络线，主线即京九高铁、合福高铁和福平铁路，联络线为南昌至福州（莆田）铁路，在平潭为远期延伸至台北预留条件。京九高铁时速 350km。其中经合肥的东线预计 2025 年建成，经黄冈的西线预计 2027 年建成。

【第五纵】呼南通道。设计时速 200~350km。根据规划，呼南通道为单一通道，控制性节点城市为呼和浩特、大同、太原、郑州、襄阳、常德、益阳、邵阳、永州、桂林和南宁。已建成的线路包括呼和浩特至集宁、太原至郑州至襄阳、娄底至邵阳以及永州至南宁。

【第六纵】京昆通道。全长约 2440km（经重庆最短路径）。该通道为复合通道，包括北京至石家庄至太原至西安，再分别经成都和重庆至昆明，另含北京至张家口至大同至太原高铁（与呼南通道共线，北京至大同段已建成）。已建成线路包括石太客专、大西高铁原平至西安段、西成客专，均为时速 250km 客专标准。北京至昆明高铁通道是我国最重要的高铁通道之一，也是建设难度最大的通道之一，预计 2026 年贯通。

【第七纵】包（银）海通道。该通道为复合通道，主通道为包头至海口，全长约 2800km，支线为银川至西安，另包含海南环岛高铁，设计时速 200~350km。该通道除了重庆至贵阳段和南宁至合浦段已建成外，其他区段仍处在待建阶段，预计 2026 年贯通。

【第八纵】兰（西）广通道。该通道为兰州、西宁至广东的最便捷铁路通道，西宁至广州全长约 2340km，时速 200~300km。其中成都至贵阳为双通道，是西南地区几大通道的共线段落，也是建设难度最大的通道之一。成都至广州段均已建成，剩余建设难度最大的是位于青藏高原边缘的成都以北段，预计 2028 年贯通。

【第一横】绥满通道。该通道位于我国最东北部，从绥芬河经哈尔滨至满洲里，全长约 1400km。其中绥芬河至齐齐哈尔段已建成（设计时速 200~300km）。由于绥满通道西段地广人稀，建设必要性不足，暂无建成时间规划。

【第二横】京兰通道。该通道是兰州、银川至北京最便捷的高铁通道，全长约 1750km。北京至包头段均已建成，设计时速 160~350km。从东向西依次由以下三段组成：京包客专（已建成）、包银客专（在建）、银兰客专（部分已通车）。全线预计在 2024 年贯通。

【第三横】青银通道。全长约 1650km。目前青岛至太原段已建成，太原至绥德规划了太绥（延）高铁，绥德至银川利用既有太中银铁路。太绥高铁已完成预可研工作，由于太中银铁路运营时速不到 120km，宁夏正在推进银川至太原高铁纳入国家“十四五”铁路网发展规划，力争“十四五”期间开工建设。

【第五横】沿江通道。早期沿江通道大部分路段规划利用既有线，包括合武铁路、汉宜铁路、宜万铁路、渝利铁路、达成铁路等，时速仅 160~250km，通道能力受限。随着 2018 年 8 月《推动长江经济带沿江高铁通道建设实施方案》的出台，新的沿江高铁通道方案随之出台，沿江通道全线规划为时速 350km 高铁标准。2020 年初，成渝地区双城经济圈规划出台以后，成渝中线高铁提上建设议程，并被纳入沿江高铁主通道，2021 年 9 月已开工。

【第七横】厦渝通道。厦渝通道全长约 1600km，由重庆至黔江高铁、黔张常铁路、常益长高铁、长赣高铁、赣龙和龙厦铁路组成。其中长赣高铁预计 2022 年内开工，重庆至黔江高铁预计 2025 年建成，渝长厦通道预计在 2025 年底前贯通。

值得一提的是，在“八纵八横”路网示意图中，有 3 条线路被标示为通道的一部分但没有出现在文字说明中，包括郑济高铁、郑阜高铁和西武高铁西安至襄阳段，这 3

条高铁可视作京沪、京港台、京港澳、呼南、包银海等纵向通道的联络线。

2.“北粮南运”运输通道建设现状

根据《粮食物流业“十三五”发展规划》，我国大力推进东北、黄淮海、长江中下游、华东沿海、华南沿海、京津、西南和西北八大粮食运输通道建设，重点完善和发展“两横六纵”八大粮食运输通道。

八大粮食运输通道包括东北通道、黄淮海通道、长江中下游通道、京津通道、华东沿海通道、华南沿海通道、西南通道以及西北通道。

东北通道粮食年流出量约5700万t，主要品种是玉米、稻谷（大米），主要流向华东、华南、华北、西南和西北地区；黄淮海通道年流出量约6000万t，主要品种是小麦，主要流向华东、华南、西南和西北地区；长江中下游通道年流出量约2400万t，主要品种是稻谷（大米），主要流向华东、华南、西南地区；华东沿海、华南沿海通道年流入量约4900万t，京津通道年流入量约905万t，西南通道年流入量约2900万t，西北通道年流入量约1800万t。东北通道的水路外运能力局部过剩；华东沿海、华南沿海流入通道粮食分拨能力不足，中转设施有待完善；西南、西北通道关键节点少，基础设施薄弱。

3.“北煤南运”运输通道建设现状

从煤炭主产区外运通道来看，晋陕蒙煤炭外运铁路通道由横向北通路（大秦、朔黄、蒙冀、丰沙大、集通、京原）、中通路（瓦日、石太、邯长、和邢）、南通路（侯月、陇海、宁西）以及纵向通路（焦柳、京九、京广、包西、浩吉/蒙华）构成。

中国六大亿吨级煤炭运输通道如下。

（1）大秦线，自山西省大同市至河北省秦皇岛市，纵贯山西、河北、北京、天津，全长653km，是以山西、陕西和内蒙古西部为主的“三西”地区煤炭外运的主要通道，年运煤量4.4亿t。

（2）朔黄线（神木—朔州—黄骅港），西起山西省神池县神池南站，与神朔铁路相连，东至河北省黄骅市黄骅港口货场。正线总长近600km，是国家能源集团的运煤专线，年运煤量超过2亿t。

（3）侯月线（侯马—月山—日照），西起山西省侯马市，东至最终点——山东日照港，与陇海铁路平行，全长252km，是晋煤外运的南通路之一，年运煤量1亿t。

（4）浩吉线（原名“蒙华铁路”），北起内蒙古鄂尔多斯市境内的浩勒报吉，南至江西省吉安市，途经内蒙古、陕西、山西、河南、湖北、湖南、江西七省区。全长1813.5km，线路设计时速120km，是世界上一次建成的最长的重载煤运铁路，规划设计年输送能力为2亿t，于2019年通车运营。该铁路定位的是“西煤东运”，并且是通过铁路直接输送到华中（可辐射到东南）终端消费地区，最终以综合成本的优势直接解决江西、湖南、湖北等地的用煤问题，减轻秦皇岛海运到南方港口的运输压力。

（5）瓦日线，又称山西中南部铁路通道、晋豫鲁铁路、晋中南铁路，西起山西省吕梁市兴县瓦塘镇，东至山东省日照港，全长1269km，是一条连接我国东西部的重要煤炭资源运输通道，设计时速为120km，设计货运能力为每年2亿t，于2014年12月30日正式建成通车。

（6）唐呼线，起点是河北省唐山市，终点是内蒙古呼和浩特市，全长289.6km，是我国西煤东运的重要通道之一。从2018年3月开始，连接曹妃甸港和呼和浩特的唐呼线张集段进行万吨供电扩能改造工程，以实现全年运量上亿吨的目标。

二、公路网

（一）公路网基本构成

1. 公路

公路运输设施主要包括公路、桥梁、涵洞和隧道结构物及附属设施。

（1）公路分类。

根据公路的作用及使用性质可分为国道、省道和地方公路（县乡公路）。

（2）公路分级。

我国公路依据功能和适应的交通路分为六个等级，即高速公路、一级公路、二级公路、三级公路、四级公路以及等外公路。其中，高速公路与一级公路为高等级公路，路面为高级路面，全部采用立体交叉。

（3）公路结构。

①路基指路面下的土基。它是按照路线位置和一定的技术要求修筑的带状构造物，承受由路面传来的载荷。路基由土质和石质材料组成，横断面形式可分为路堤、路堑和半填半挖三种基本类型。

②路面是在路基表面上用各种不同材料分层铺筑而成的结构物，供车辆在其上以一定速度安全舒适地行驶。路面按其使用品质、材料组成和结构强度的不同分为四个等级：高级路面、次高级路面、中级路面和低级路面。路面按其力学特性分为柔性路面和刚性路面。

③路肩是位于行车道外缘至路基边缘的部分，它与行车道连接在一起，作为路面的横向支承，可供紧急停车或堆放养路材料使用，并为安全护栏的设置提供侧向净空，提升行车安全。

2. 城市道路

城市道路是指城市范围内的道路、广场和停车场。城市道路与公路的分界一般以城市规划区的界线划定。城市道路依据其在路网中的地位、交通功能以及对沿线建筑物的服务功能可以分为四级，即快速路、主干路、次干路和支路。

城市快速路设有中央分隔带，具有 4 条以上机动车道，全部或部分采用立体交叉与控制出入，是供汽车以较高速度行驶的道路，其完全为交通功能服务，是解决城市长距离快速交通的主要道路。主干路是连接城市各分区的干路，以交通功能为主，为全市性干道。次干路是城市地区性或分区性的交通干道，为主干路与各分区间的交通起集散作用，兼有服务功能。支路为连接居住小区的道路，以服务功能为主。

3. 交通管理设施

交通管理设施主要包括交通标志、交通标线、交通信号和其他安全设施等。

（1）交通标志。

交通标志是用形状、颜色、符号或文字等绘制的指示牌，设在道路的侧方或上方，向车辆和行人传递信息的设施。交通标志分为主标志和辅助标志两大类。主标志包括警告标志、禁令标志、指示标志和指路标志。辅助标志不能单独设置和使用，分为表示时间、车辆种类、区域或距离、警告或禁令以及组合辅助理由 5 种，其形状为长方形，颜色为白底黑字，边框为黑色。

（2）交通标线。

交通标线是由各种标线、箭头、文字、立面标记、突起路标所构成的交通安全设施。交通标线包括行车道中心线、车道分界线、停止线、让行线、人行横道线、导流线。

（3）交通信号及其设备。

交通信号是用来在时间上给交通流分配通行权的一种交通指挥措施。交通信号包括灯光信号和手势信号。交通流检测器的功能是在道路上实时检测交通量、车速或占有率等各种交通参数，为控制系统提供足够的信息以便进行最优的控制。常用的检测器有环形线圈检测器、超声波检测器、红外线检测器、视频图像处理器等。

（4）其他安全设施。

其他安全设施包括路栏、锥形交通路标、导向标、道口标注等。

4. 汽车站（场）

汽车站（场）包括综合性场站（各类货运站、客运站等）和服务性场站（各种停车场、汽车维修厂、运行材料供应站等）。

（1）集装箱堆场、集装箱货运站、公路集装箱中转站。

集装箱堆场（Container Yard，CY）广义上可理解为进行装卸、交接和保管重箱与空箱的场地，包括前方堆场、后方堆场和码头前沿；狭义的集装箱堆场是指除码头前沿以外的堆场，其中也包括存放底盘车的场地。集装箱堆场的主要任务是集装箱重箱与空箱的装卸与堆存，即接收与交付整箱货。

集装箱货运站（Container Freight Station，CFS）狭义上仅指港口内或某周边口岸的集装箱货运站，不包括设置在内陆的集装箱货运站。集装箱货运站的主要任务是处理集装箱货物的装箱、拆箱业务，即拼箱货的装、拆箱。

公路集装箱中转站（Inland Container Depot）是指设在内陆地区的集装箱货运站，主要负责办理集装箱的出发、到达和中转作业，组织实现集装箱门到门运输。总体来看，我国公路集装箱中转站一般具有集装箱堆场和集装箱货运站双重功能，即处理整箱货和拼箱货功能。

（2）公路零担货运站。

公路零担货运站通常由零担货运站房、发送与中转仓库、货棚、装卸作业场、停车场以及有关的生产辅助设施构成，以实现对零担货物的收集、整理、仓储、编组、装运、中转、分发、交付，确保零担运输各个环节的衔接与贯通。根据汽车零担货运站的年工作量（年货物吞吐量），可将其分为一级（60000t 以上）、二级（20000~60000t）和三级（20000t 以下）。

（二）公路网建设现状

2020 年末全国公路总里程 519.81 万 km，公路密度 54.15km/ 百 km^2。全国四级及以上等级公路里程 494.45 万 km，占公路总里程的 95.1%。二级及以上等级公路里程 70.24 万 km，占公路总里程的 13.5%。国道里程 37.07 万 km，省道里程 38.27 万 km。农村公路里程 438.23 万 km，其中县道里程 66.14 万 km、乡道里程 123.85 万 km、村道里程 248.24 万 km。

自 1988 年第一条高速公路沪嘉高速建成通车以来，我国高速公路的建设发展一共历经起步（1988—1992 年）、加速（1993—1997 年）、大发展（1998 年至今）三个阶段。

2013 年，交通运输部公布了《国家公路网规划（2013—2030 年）》，提出到 2030 年形成布局合理、功能完善、覆盖广泛、安全可靠的国家干线公路网络，实现首都辐射省会、省际多路连通，地市高速通达、县县国道覆盖。1000km 以内的省会可当日到达，东中部地区省会到地市可当日往返、西部地区省会到地市可当日到达；区域中心城市、重要经济区、城市群内外交通联系密切，形成多中心放射的路网格局；有效连接国家陆路门户城市和重要边境口岸，形成重要国际运输通道，与东北亚、中亚、南亚、东南亚的联系更加便捷。

国家公路网由普通国道和国家高速公路两个路网层次构成。

1. 普通国道网

由 12 条首都放射线、47 条北南纵线、60 条东西横线和 81 条联络线组成，总规模约 26.5 万 km。

（1）首都放射线（12 条），包括北京—沈阳、北京—抚远、北京—滨海新区、北京—平潭、北京—澳门、北京—广州、北京—香港、北京—昆明、北京—拉萨、北京—青铜峡、北京—漠河、北京环线。

（2）北南纵线（47 条），包括鹤岗—大连、黑河—大连、绥化—沈阳、烟台—上海、秦皇岛—深圳、威海—汕头等。

（3）东西横线（60 条），包括绥芬河—满洲里、珲春—阿尔山、集安—阿巴嘎旗、丹东—霍林郭勒等。

此外还包括 81 条联络线。

2. 国家高速公路网

最初，规划的中国国家高速公路网由 7 条首都放射线、9 条北南纵线和 18 条东西横线组成，简称为“7918”网。在《国家公路网规划（2013—2030 年）》中，对国家高速公路网进一步完善，在西部增加了两条北南纵线，成为“71118”网，规划总里程增加到了 11.8 万 km。

（1）首都放射线（7 条），包括北京—哈尔滨、北京—上海、北京—台北、北京—港澳、北京—昆明、北京—拉萨、北京—乌鲁木齐。

（2）北南纵线（11 条），包括鹤岗—大连、沈阳—海口、长春—深圳、济南—广州、大庆—广州、二连浩特—广州、呼和浩特—北海、包头—茂名、银川—百色、兰州—海口、银川—昆明。

（3）东西横线（18 条），包括绥芬河—满洲里、珲春—乌兰浩特、丹东—锡林浩特、荣成—乌海、青岛—银川、青岛—兰州、连云港—霍尔果斯、南京—洛阳、上海—西安、上海—成都、上海—重庆、杭州—瑞丽、上海—昆明、福州—银川、泉州—南宁、厦门—成都、汕头—昆明、广州—昆明。

此外还包括 6 条地区性环线以及若干条并行线、联络线等。

三、水运网

（一）水运网的基本构成

1. 航道

以组织水路运输为目的而规定或设置的船舶航行通道，称为航道。现代水上航道已不仅是天然航道，而是包括人工运河、进出港航道以及保证航行安全的航行标志系统和现代通信导航设备系统在内的工程综合体。

航道可分为海上航道、内河航道和人工航道。

（1）海上航道。

海上航道属天然航道，其通过能力几乎不受限制。但随着船舶吨位的增加，一些海峡或狭窄水道会对通航船舶产生一些限制。经过人们千百年来的努力和探索，加上现代化导航技术的应用，世界各国、各地区间的海上航道已基本为人们所了解和掌握。

（2）内河航道。

内河航道大部分是利用天然航道加上引航的航标设施构成。内河航道与海上航道在通航水深、通航时间和通航方式上有很大的区别，因此在进行综合规划时，还应考虑航道分级和航道标准化。

（3）人工航道。

人工航道是指由人工开凿，主要用于船舶通航的河流，又称运河。人工航道一般都开凿在几个水系或海洋的交界处，其中主要有苏伊士运河、巴拿马运河和基尔运河。我国有世界上最长的人工运河——京杭大运河。

2. 港口

（1）港口的概念与构成。

港口是指位于江、河、湖、海、水库和人工运河沿岸，具有一定的水、陆域条件和设施，供船舶安全停靠、上下旅客、装卸货物和燃料物料供应，设有港务管理机构或其他专业部门，年货物吞吐量或旅客吞吐量在一定数量以上的地方。

港口由水域和陆域两大部分组成。水域是供船舶进出港，以及在港内运转、锚泊和装卸作业的。因此要求它有足够的深度和广度，水面基本平静，以便船舶的安全操作。陆域是供旅客上下船以及货物的装卸、堆存和转运使用的，因此要求陆域有适当的高程、岸线长度和纵深，以便布置装卸设备入仓库和堆场，以及铁路、公路和各种必要的生产、生活设施。

如图 6–1 所示，按功能划分，港口包括泊位子系统、前方库场子系统、后方库场子系统、集疏运子系统以及装卸子系统。货物以货流的方式，从泊位子系统、集疏运子系统输入、输出。货流进入系统后，则在泊位与库（堆）场之间、泊位与集疏运子系统之间、库（堆）场与集疏运子系统之间位移。

（2）港口的分类。

按不同划分标准，港口可以有多种分类方法。比如，按用途可分为商港、工业港、军港、渔港、避风港等；按所在的地理位置可分为河口港、海岸港、礁湖港、水库港、湖港和内河港等；按业务性质可分为定期船港、不定期船港和专业港等；按贸易性质可分为国际贸易港和国内贸易港；按水域在寒天是否冻结，分为冻港和不冻港；按进口货物是否办理报关手续，分为报关港和自由港；按港务经营管理方式，分为国有港、地方港、私有港等。

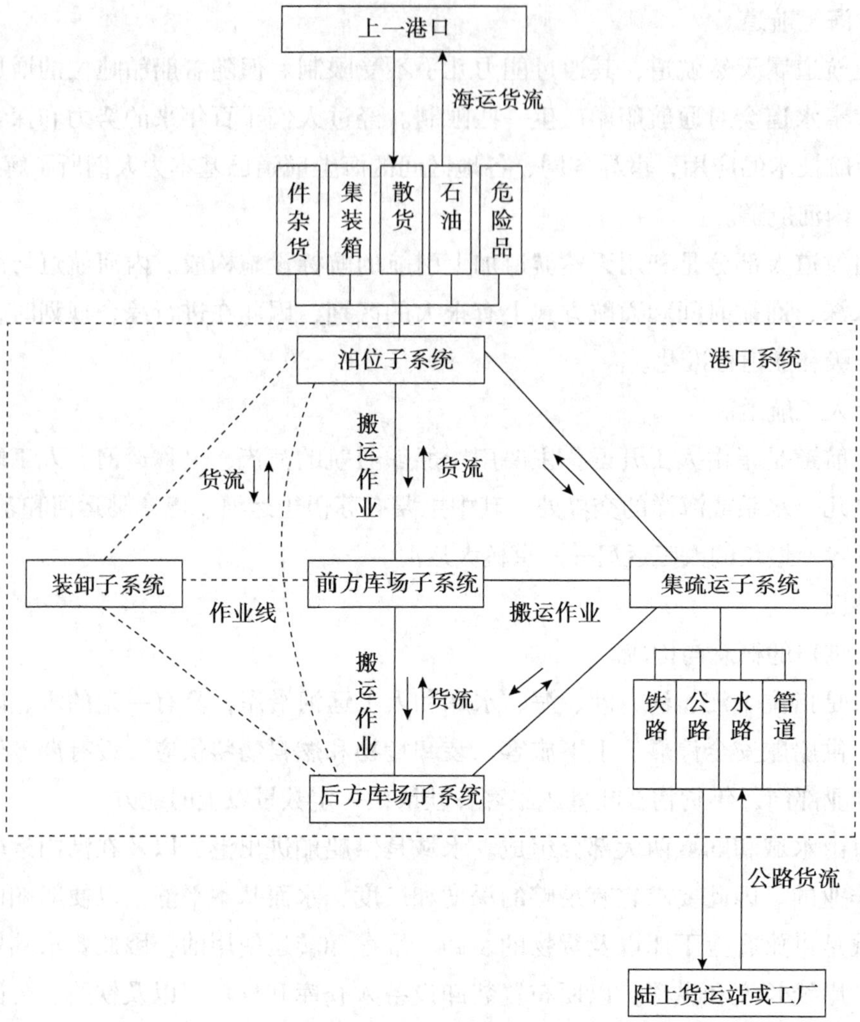

图 6-1　港口系统的构成

同一港口可以兼具多种职能和属于多种范畴，如上海港是商港、河口港、不冻港、报关港和亿吨级大港等。

（二）水运网建设

2020 年末全国内河航道通航里程 12.77 万 km。等级航道里程 6.73 万 km，占总里程的 52.7%。三级及以上航道里程 1.44 万 km，占总里程的 11.3%。各等级内河航道通航里程分别为一级航道 1840km，二级航道 4030km，三级航道 8514km，四级航道 11195km，五级航道 7622km，六级航道 17168km，七级航道 16901km。等外航道里程 6.04 万 km。各水系内河航道通航里程分别为长江水系 64736km，珠江水系 16775km，黄河水系 3533km，黑龙江水系 8211km，京杭运河 1438km，闽江水系 1973km，淮河水系 17472km。

2020 年末全国港口生产用码头泊位 22142 个，其中，沿海港口生产用码头泊位 5461 个，内河港口生产用码头泊位 16681 个。全国港口万吨级及以上泊位 2592 个，其中，沿海港口万吨级及以上泊位 2138 个，内河港口万吨级及以上泊位 454 个。

1. 海运网建设

海运网主要包括远洋航线、近洋航线以及沿海航线。

（1）远洋航线。

远洋航线是指运输船舶（或其他水运工具）跨越大洋的运输航线。比如，由我国港口跨越大洋航行至欧洲、非洲、大洋洲、北美洲、南美洲等的客货运输航路。

目前除大西洋、太平洋、印度洋三大航线外，还有从大西洋通过地中海、印度洋到太平洋区域横贯几个大洋的航线。

（2）近洋航线。

近洋航线是指本国各港口至邻近国家港口的海上运输航线。在我国，习惯上指由我国各港口东至日本海，西至马六甲海峡，南至印度尼西亚沿海，北至鄂霍次克海的各海港间的航线。

（3）沿海航线。

沿海航线是指本国沿海各港口间的海上运输航线。在我国，沿海航线以厦门为界，大体可分为南北两大航区。北方沿海航区北起鸭绿江口，南起厦门港；南方沿海航区东起厦门港，西起广西东兴港，包括海南岛、台湾与南海诸岛的港口和水域。

2. 内河网建设

在全国将形成长江干线、西江航运干线、京杭运河、长江三角洲高等级航道网、珠江三角洲高等级航道网、18 条主要干支流高等级航道（即“两横一纵两网十八线”）和 28 个主要港口的布局，遍及全国 20 个省区市。

“两横一纵两网十八线”的布局，主要在水运资源较为丰富的长江水系、珠江水系、黑龙江与松辽水系等水系中展开形成，构成我国以通航千吨级及以上船舶的航道为骨干的航道网络，规划内河高等级航道约 1.9 万 km，占全国内河航道里程的 15%。

四、航空网

（一）航空网的基本构成

1. 航路

（1）航路概念。

航路是指经批准建立的、飞机能够在地面通信导航设施指挥下沿一定高度、宽度和方向在空中航载飞行的空中通道。交通管制机构要提供必要的空中交通管制和航行情报服务。

（2）航路编号。

国际民航组织规定航路的基本代号由一个拉丁字母和1~999的数字组成。A、B、G、R用于表示国际民航组织划分的地区航路网的航路，对于规定高度范围的航路或供特定的飞机飞行的航路，则可在基本代号之前增加一个拉丁字母。

（3）航路高度与宽度。

在欧美国家和地区，航路空域高度、宽度分为以下3种。①低空航路空域，宽16km，平均海拔高度在4423m以下；②中空航路空域，宽26km，平均海拔高度为4423~7320m；③高空航路空域，宽度没有规定，平均海拔高度在7320m以上，专供喷气式飞机使用。我国民用航路的宽度为20km（航路中心线两侧各10km）。

此外，在机场地区，为减少飞行冲突、提高飞行空间的利用率，在机场区域内划定的飞机进出机场的空中通道，称为空中走廊，它的宽度为8~10km。

2. 航线

（1）航线的定义。

航线是飞机预定要飞行的路线，飞机通过任何两个地点确定的飞行线路就是航线。航线通常以线路的起始点命名。很明显，航线不同于航路，除了在未建立航路的地区，航线都是沿着航路飞行的。

（2）航线的构成要素。

航线由飞行的起点、经停点、终点、航段等要素组成。一条航线经过的站点至少有两个，即起点和终点。在起点和终点之间可以有多个经停点。通常将航线上两个站点之间的航程称为航段。航段通常又分为旅客航段和飞行航段，旅客航段是指能够构成旅客航程的航段，飞行航段也称航节，是指实际飞经的航段。

（3）航线的分类。

根据飞行的区域范围可分为国际航线、地区航线、国内航线。国际航线是指联结国与国之间的航空线。在中国地区航线是指通往港澳台地区的航空线。国内航线是一个国家内部的航线，又可以分为干线（Trunk Route）、支线（Regional Route）和地方航线（Local Route）3类。

根据线路设施配备与地位可分为航路、固定航线、临时航线。航路是指根据地面导航设施建立的供飞机作航线飞行之用的具有一定宽度的空域。该空域以连接各导航设施的直线为中心线，规定了上限、下限高度和宽度。航路主要用于国际航线以及国内主要干线的航空运输。固定航线通常没有规定宽度，通信导航设施和气象保障不如航路完善。固定航线主要用于省、自治区范围内，以及相邻的省、自治区之间的航空运输，故也称为地方航线。因临时性的航空运输或通用航空飞行的需要，在航路和固定航线以外的航线，称为非固定航线或临时航线。临时航线主要用于临时性航空运输任务。临时航线的导航设备不能保证飞机进行仪表飞行时，应进行目视飞行。

3. 机场

机场也称航空站（港），是供飞机起飞、着陆、停驻、维护、补充给养及组织飞行保障活动的场所，包括相应的空域及相关的建筑物、设施与装置。民用运输机场的基本功能是为飞机的运行提供服务，为客、货、邮件的运输以及其他方面提供服务。

基于不同的角度，机场有不同的种类，以下介绍常见的几种分类。

（1）按航线性质，可划分为国际航线机场（国际机场）和国内航线机场。国际机场有国际航班进出，设有政府规定的联检机构。国内航线机场是供国内航班使用的机场。

（2）按机场在民航运输网络系统中所起作用，可划分为枢纽机场、干线机场和支线机场。航线密集且中转旅客比例较高的机场称为枢纽机场；干线机场通过骨干航线连接枢纽机场，空运量较为集中；支线机场空运量较少，航线多位于本省区或邻近省区。

（3）按机场所在城市的性质、地位，我国将其划分为Ⅰ、Ⅱ、Ⅲ和Ⅳ类机场。Ⅰ类机场——枢纽机场，即全国经济、政治、文化中心城市的机场，是全国航空运输网络和国际航线的枢纽，运输业务繁忙，除承担直达客货运输，还具有中转功能；Ⅱ类机场——干线机场，即省会、自治区首府、直辖市及重要的经济特区、开放城市和旅游城市，或经济发达、人口密集城市的机场；Ⅲ类机场——次干线机场，即国内经济比较发达的中小城市，或一般的对外开放和旅游城市的机场；Ⅳ类机场——支线机场，即省区内经济较发达的中小城市和旅游城市，或经济欠发达、地面交通不便的城市的机场。

（二）航空网建设

1. 机场数量

截至2020年全国颁证民用航空机场约241个，其中定期航班通航机场约240个，定期航班通航城市约237个。年旅客吞吐量100万人次以上的通航机场约85个，年旅客吞吐量1000万人次以上和年货邮吞吐量10000t以上的机场分别约为27个和59个。

2. 航线网情况

航线网主要有城市对（City Pair）型和中心辐射（Hub Spoke）型两种。

目前，世界航空运输已形成一个全球性的运输网和若干运输枢纽，然而，世界航空运输网的地区分布存在着明显的差异。欧洲西部、美国东部、加勒比海和东南亚等地区最为稠密，而非洲、拉丁美洲、亚洲部分地区则相当落后。美国、英国、法国、德国、俄罗斯、日本和巴西等国的航空运输业相对发达。其中，美国是世界上航空运输最先进和最发达的国家。

五、油气网

（一）油气网的基本构成

1. 管道的组成

管道主要是指长距离输送管道，由干管、沿线阀室通过河流、铁路、公路、峡谷等的穿（跨）越结构物和管道防腐用的阴极保护设施等组成。

按铺设方式，管道可分为埋地管道、架空管道与水下管道。按输送介质，管道可分为原油管道、成品油管道、天然气管道、油气混输管道、固体物料浆体管道等。按在油气生产中的作用，管道又可分为矿场集输管道，原油、成品油和天然气的长距离输送干线管道，天然气或成品油的分配管道等。

2. 长距离输油管道的主要设备

（1）输油泵与原动机。

泵是一种将机械能（或其他能）转化为液体压力的液力机械，也是国内外输油管线广泛采用的原动力设备。

输油泵应排量大、扬程高、效率高、可长时间连续运行、便于检修和自控，现普遍用的是离心泵。输油泵的原动机主要有电动机、柴油机和燃气轮机。

（2）加热系统。

在原油输送过程中对原油采用加热输送的目的是使原油温度升高，防止输送过程中原油在输油管道中凝结，减少结蜡，降低动能损耗。通常用加热炉为原油提供热能。

加热系统是加热输送管道的关键设备，也是主要的耗能设备。对输油管道加热炉的要求是热效率高、流动阻力小、能适应管道输量变化、可长期安全运行。

（3）储油罐。

储油罐按材质可分为金属储油罐和非金属储油罐两类。常用的金属储油罐按形状分类可分为立式圆筒形、卧式圆筒形和球形，立式圆筒形储油罐按罐顶结构可分为固定顶储油罐和活动顶储油罐，活动顶储油罐又可分为外浮顶和内浮顶。10000m^3 以上的油罐应选择浮顶罐，目前，我国浮顶罐的最大容量为 $10 \times 10^4 m^3$。

（4）管道的监控与数据采集系统。

现代输油管道通过计算机监控与数据采集系统（SCADA）实现全线的集中控制。SCADA 系统主要由控制中心计算机系统、远程终端装置（RTU）、数据传输及网络系统以及应用软件组成。

3. 长距离输气管道

长距离输气管道一般由干线输气管段、首站、压气站（压缩机站）、中间气体接收站、中间气体分输站、末站、清管站、干线截断阀室、线路上各种障碍物（水域、铁路、地质障碍等）的穿跨越段等部分组成，还包括通信与仪表自动化两个辅助系统。

（二）油气网建设

1. 原油运输网络建设

截至2020年2月，全国已建、在建和规划中的各级原油干线共计约1090条，所涉及管道包括中国进出口原油的国际管道、中国境内的省际干线和省内干线以及油气田集油和外输干线。

在东北至华东方向，中国石油已建成从中俄边境至河北省的输油管网，中国石化已建成自唐山曹妃甸以南的华北、华东和华中地区的输油管网。

在中国西北和西南方向，中国石油分别建成从中哈边境至兰州一线、从中缅（缅甸）边境至昆明一线的输油管网。

此外，延长石油在陕西省内的地方国有管网、中国海油主导的海域管网、中国石化在两广地区较小规模的沿海管网亦有建成。近年来山东省的民营炼油企业亦正在加速山东省内的民营输油干线建设。

2. 天然气运输网络建设

我国已形成“西气东输、北气南下、海气登陆、就近外供”的供气格局，互联互通相关工作正在全面开展。

（1）天然气进口通道。

①西北天然气进口通道。

目前，中国—中亚天然气管道起于阿姆河岸的土库曼斯坦和乌兹别克斯坦边境，经乌兹别克斯坦中部和哈萨克斯坦南部，从霍尔果斯进入中国，成为“西气东输二线”。管道全长约10000km，其中土库曼斯坦境内长188km，乌兹别克斯坦境内长530km，哈萨克斯坦境内长1300km，其余约8000km位于中国境内。管道分ABC三条线，输气能力达550亿m^3/a。目前正在兴建的D线是继ABC线之后又一条引进中亚天然气的大动脉。D线的气源地为土库曼斯坦复兴气田，出于能源安全的考虑，D线绕过了哈萨克斯坦，取道塔吉克斯坦、乌兹别克斯坦进入国内。D线设计输气能力为300亿m^3/a。预计D线投产后，中国从中亚进口天然气输气能力将从550亿m^3/a提升到850亿m^3/a，成为中亚地区规模最大的输气系统。

②西南天然气进口通道。

中缅天然气管道为我国西南地区战略能源通道，与中缅原油管道并行敷设，干线管道起点为缅甸若开邦，入境点为云南省瑞丽市，干线管道全长为2520km，其中我国境内管道长度1727km，管径1016mm，设计压力10MPa，设计输量120亿m^3/a。

③东北天然气进口通道。

中俄东线天然气管道的气源来自俄罗斯境内的恰扬金气田和科维克金气田，通过俄罗斯境内“西伯利亚力量”天然气管道输送至中俄边境。国内干线起自黑龙江省黑河市，止于上海市白鹤镇，全长超过3000km，设计输量为380亿m^3/a，设计压力12MPa，管径1422mm。2019年12月1日起，俄罗斯开始通过中俄东线向我国供气，首期按50亿m^3/a供气，最终达到380亿m^3/a供气量。

④东南沿海天然气进口通道。

我国东南沿海已建成17座LNG（液化天然气）接收站，储罐容量812万m^3，总接收能力达6340万t/a，分别由中国海油、中国石油、中国石化和部分私营企业投资建设。其中，最早建成的LNG接收站是广东大鹏LNG接收站，最新建成的LNG接收站是中国石化天津LNG接收站。

（2）国家干线天然气管网。

①西气东输管道系统。

西一线起自新疆轮南镇，止于上海市白鹤镇，长3839km，管径1016mm，设计压力10MPa，设计输量170亿m^3/a。西二线起自新疆霍尔果斯市，止于广东省广州市，长4918km，管径1219mm，设计压力12MPa，设计输量300亿m^3/a。西三线起自新疆霍尔果斯市，终于福建省福州市，全长5220km，管径1219mm，设计压力12MPa，设计输量300亿m^3/a。

②陕京天然气管。

陕京一线起自陕西省靖边首站，止于北京市石景山区衙门口末站，干线长约846km，管径660mm，设计压力6.4MPa，设计输量30亿m^3/a。陕京二线起自陕西省靖边首站，止于北京市通州区通州末站，长约980km，管径1016mm，设计压力10MPa，设计输量170亿m^3/a。陕京三线起自陕西省榆林首站，止于北京市昌平区西沙屯末站，大体并行陕京二线，长约1000km，管径1016mm，设计压力10MPa，设计输量150亿m^3/a。陕京四线自陕西省靖边首站，止于北京市顺义区高丽营末站，长约1098km，管径1219mm，设计压力12MPa，设计输量250亿m^3/a。

③川气东送天然气管道系统。

川气东送天然气管道起自普光首站，止于上海末站，全长1700km，管径1016mm，设计压力10MPa，设计输量120亿m^3/a。此外，中国石油忠武天然气管道与川气东送天然气管道主体并行敷设，干线管道起自重庆市忠县，止于武汉末站，长约 719km，管径 711mm，设计压力为 7.0MPa，设计输量 30 亿 m^3/a。

④联络天然气管道。

冀宁联络线天然气管道（简称冀－宁线）起自陕京二线的安平压气站，终于西气东输管道系统青山压气站，全长 886km，管径 711~1016mm，设计压力 10MPa，设计输量 90 亿 m^3/a。兰州—银川联络线天然气管道（简称兰－银线）起自涩北—西宁—兰州天然气管道河口压气站，经西一线中卫联络站，终于银川末站。管道长度约 401km，管径 610mm，设计压力 10MPa，设计输量 35 亿 m^3/a。中卫—贵阳联络线天然气管道（简称中－贵线）起自宁夏回族自治区中卫首站，止于贵州省贵阳末站。该管道长约 1613km，管径 1016mm，设计压力 10MPa，设计输量 150 亿 m^3/a。中卫—靖边联络线天然气管道（简称中－靖线）起自西三线中卫压气站，止于陕京天然气管道系统靖边压气站，长 376.57km，管径 1219mm，设计压力 12MPa，设计输量 300 亿 m^3/a。

（3）非常规天然气管道。

①煤制天然气外输管道。

伊宁—霍尔果斯煤制天然气管道是我国第一条煤制气管道，于 2013 年 8 月建成投产，可将新疆伊犁地区煤制天然气通过西二线输往东部地区。大唐克什克腾旗煤制天然气外输管道是我国第二条煤制气外输管道。该管道由两部分组成：克什克腾旗—古北口段由大唐国际建设，长约 360km，管径 914mm，设计压力 7.8MPa，设计输量 1200 万 m^3/d；古北口—高丽营段由中国石油建设，长约 130km，管径 914~1016mm，设计压力 7.8MPa~10MPa。

②页岩气外输管道。

四川长宁地区页岩气管道是我国第一条页岩气外输管道，管道起自宜宾市上罗镇集气站，止于宜宾市双河乡双河集输末站，全长 93.7km，管径 457mm，设计压力 6.3MPa，输送规模可达 450 万 m^3/d。我国第二条页岩气外输管道——威远页岩气集输干线和第三条页岩气外输管道——涪陵—王场页岩气管道分别于 2014 年 10 月、2015 年 4 月建成投产。

③煤层气外输管道。

煤层气产地主要集中于我国山西省等华北地区，目前煤层气产量相对较低，优先满足周边地区消费，多余气量外输。我国第一条煤层气外输管道是山西沁水煤层气外输管道，管道全长 35km，管径 610mm，设计压力 6.3MPa，设计输量 30 亿 m^3/a，于 2009 年 7 月建成投产。该管道在沁水压气站与西气东输管道系统相连，将煤层气输往东部地区。此后，晋城—侯马、沁水—博爱—郑州及沁水—长治等多条煤层气外输管道陆续建成投产。

④ LNG 外输管道。

随着我国东南沿海地区诸多 LNG 接收站的建成投产，大连—沈阳天然气管道、唐山 LNG 外输管道、天津 LNG 外输管道、深圳—东莞—广州—佛山输气管道等配套 LNG 外输管道也陆续建成，实现 LNG 与国内主干天然气管道气源互补，增加天然气安全供应和应急保障能力。

六、综合交通运输网络建设现状

我国综合交通网络建设仍存在不少短板，包括创新力与产业化不足、畅通性和兼容性不足、绿色化水平偏低、国际话语权不强等。

1. 创新力与产业化不足

虽然我国在 5G 技术方面具有一定的国际竞争力，但在交通网络数字化、智能化创新等方面的发展不容乐观。比如，我国在射频识别、传感器等关键技术上无主导权，研发能力不足，使得国内 70% 以上的智能交通高端市场被国外企业占据。为此，2021 年印发的《国家综合立体交通网规划纲要》（以下简称《规划纲要》）提出，2035 年，我国要使交通基础设施数字化率达到 90%，基本实现国家综合立体交通网基础全要素全周期数字化的目标。

2. 畅通性和兼容性不足

交通网络畅通性和兼容性不足。目前，制约我国综合运输效率提高的关键问题是交通网络中各种运输方式之间协调不足导致的标准化难以兼容问题。

（1）在客运方面，各种运输方式之间未能充分实现运力衔接和组织协同，在规划、建设、运营、管理中，不同方式的客运枢纽统筹不足，使得一体化衔接程度偏低，与我国《规划纲要》提出的 2035 年多式联运换装 1 小时完成率 90% 以上、重点区域多路径连接比率 95% 以上的目标还有较大差距。

（2）在货运方面，不同运输方式之间衔接协调不畅，结构不平衡、不合理问题突出，造成我国物流费用偏高。如 2019 年，我国社会物流总费用为 14.6 万亿元，同比增长 7.3%，占 GDP 的比率为 14.7%，欧美等发达国家和地区社会物流总费用占 GDP 的比率则在 10% 以下。

（3）在信息运用方面，不同运输方式之间的信息壁垒仍然较严重。同时，在区域协调发展方面，我国中西部地区的交通仍是短板，跨区域交通基础设施互联互通不畅问题日渐凸显，城市群和都市圈等重点城镇地区综合交通发展仍存在协同发展的行业壁垒和机制障碍等。

总之，未来交通网络规划建设的发展动力机制应不再是单纯满足运输，而是更加强调运输方式间、不同区域间、客运货运间、设施服务间、平时与急时等的统筹协调发展，从而提供个性化、多样化、高质量、高效率的运输服务，带动其他产业发展和产业组织模式创新。

3. 绿色化水平偏低

从我国交通网络的能源消费结构来看，仍存在能耗高、污染重，可再生能源、清洁能源占比较低的问题，绿色低碳化水平明显落后于发达国家。同时，我国城市公交出行比例偏低，除香港的公共交通分担率高达 90% 外，北京和上海等特大型城市公共交通分担率仅为 50% 左右，远低于新加坡（63%）和东京（86%）。

《规划纲要》提出 2035 年我国交通基础设施绿色化建设比例要达到 95% 的发展目标。一方面，要加强绿色交通网络发展的顶层设计，建立交通网络发展规划资源利用的管控体系，特别是针对资源环境承载能力较弱的城镇化地区，在交通网络建设中要严格控制城市开发强度，规范施工，绿色施工。另一方面，要构建运输结构绿色低碳的综合交通网络体系，大力倡导和发展绿色交通方式，推动公路运输向铁路和水路运输转移，逐步废弃燃油车，转向节能、绿色的新型燃料动力车，深入贯彻落实公共交通优先发展战略，倡导绿色出行。

4. 国际话语权不强

虽然我国已成为全球货物贸易大国，但在交通网络建设服务方面尚未形成与之相匹配的全球供应能力，在国际标准、规则制定过程中缺少话语权，参与深度不足。比如我国的建桥、修隧道技术水平堪称世界一流，但在交通网络建设能力输出上主要是与“一带一路”倡议沿线国家中经济发展水平较低的国家业务合作较多，同发达国家开展业务合作的空间仍待开拓。此外，在现代国际化物流企业方面，我国与发达国家货运企业的国际竞争力差距也较大。以国际航空货运为例，我国物流企业的国际业务市场份额明显低于联邦快递、联合包裹等国际航空货运公司。

新发展阶段，我国交通网络建设要实现更高水平的开放发展，需要加快拓展国际合作空间，进一步提升我国交通业的国际竞争力。首先，我们要深耕基础设施建设工程，聚焦关键通道、关键城市和关键项目，联结陆上公路、铁路道路网络和海上港口网络，着力推动陆上、海上、天上、网上四位一体的联通，全方位提高我国交通网络全球连接能力。同时，还要加强与其他基础设施领域的合作，共同构建多维度、多层次的立体设施联通体系。其次，我国交通网络建设要“走出去”，必须不断提高行业的国际制度性话语权，特别要加强在“一带一路”倡议沿线国家的交通网络建设能力的输出。

5. 不平衡、不充分

目前，我国交通网络基础设施建设仍存在发展不平衡、不充分的问题。一方面，人民群众的出行模式和货物流通方式发生深刻变化，出行需求呈现多层次、多样化、个性化的特征，货运需求呈现小批量、高价值、分散性、快速化的特征，而交通网络发展却明显滞后于人民交通需求的变化。另一方面，农村和城镇化地区的传统交通网络发展矛盾更为突出。在农村地区，特别是"老少边穷"等区域，交通仍然是制约发展的重要短板。

为此，《规划纲要》提出，2035 年我国要实现都市圈交通运输、城乡交通运输一体化发展，打造 1 小时"门到门"通勤圈，推进县乡村（户）道路联通、城乡客运一体化，解决好群众出行"最后一公里"问题。

第二节　交通运输网络规划

一、交通运输网络规划基本理论

交通运输网络规划，可按运输方式划分为不同的领域，但基本原理大同小异，限于篇幅，以下以城市交通为例，予以说明。

（一）交通运输网络规划的概念与内容

1. 概念

交通运输网络规划是指为城市居民的交通行为提供合适的交通设施，改善并优化城市交通条件，创造良好的城市环境。

广义的交通运输网络规划包括交通设施体系布局规划、交通运输发展政策规划（也称交通发展白皮书）、交通运输组织规划、交通管理规划、交通安全规划、交通近期建设规划等。

狭义的交通运输网络规划主要是指交通设施体系布局规划和近期建设规划。通常是指根据对历史和当前的交通供需状况及地区的人口、经济、土地利用的分析研究，对该地区未来交通运输发展需求的分析和预测，以确定未来交通运输设施发展建设的规模、结构、布局等，并对不同方案进行评价比选，确定推荐方案，同时突出建设实施方案（包括建设项目时序、投资估算、配套措施等）的一个完整过程。

2. 内容

交通运输网络规划一般分为城市道路发展战略规划、城市道路交通综合网络规划及城市道路近期治理规划三类。规划年限可分为 21~50 年、6~20 年、3~5 年。特大城市、大城市一般应完成三类规划，中小城市只需进行后两类规划。

交通运输网络规划应包括以下主要内容：城市道路交通规划工作总体设计；交通系统现状调查及分析；城市交通需求发展预测；城市道路交通网络规划方案设计；城市道路网规划方案评价；城市道路网规划方案调整与优化；城市道路网规划方案实施计划。

（二）交通运输网络规划的过程

一般来说，城市交通运输网络规划的过程包括以下几个方面。

1. 总体设计

包括确定规划的目标、指导思想、年限、范围，成立交通规划工作的组织机构，编制规划工作大纲。

2. 交通调查

交通调查是了解交通网络现状的必要手段，调查内容因规划层次及规划要求而异，一般来说，须进行以下调查：出行 OD（讫点）调查；道路交通状况调查；公交线路随车调查；社会经济调查。

3. 交通需求预测

交通需求预测是城市交通规划的核心内容之一，是决定城市中交通网络规模、道路断面结构和枢纽规模等的重要依据。目前普遍采用的交通需求预测方法为四阶段法。

（1）交通的发生与吸引预测。

交通的发生与吸引是交通需求预测工作中最基本的部分之一。本阶段的任务是求出对象地区的交通需求总量，即生成交通量，然后在此量的约束下，求出各交通地区的发生与吸引交通量。

①生成交通量的预测。预测方法主要有原单位法、增长率法、聚类分析法和函数法。

②发生与吸引交通量的预测。预测方法主要有原单位法、增长率法、聚类分析法和函数法。

③发生与吸引交通量的调整。在交通需求预测时，通常会要求各地区的发生交通量之和与吸引交通量之和相等，并且各地区的发生交通量或吸引交通量之和均等于生成交通量。如果它们之间不满足上述关系，则可以采用总量控制法或调整系数法来进行调整。

（2）交通分布的预测。

交通分布的预测是把交通的发生与吸引预测获得的各地区的出行量转换成地区之间的空间 OD 量，即 OD 矩阵。

交通分布的预测方法一般可分为两类，一类是增长系数法，一类是综合法。前者常用的方法包括增长系数法、平均增长系数法、底特律法、福莱特法、弗纳斯法等；

后者常用的方法有重力模型法、介入机会模型法、最大熵模型法等。

（3）交通方式划分。

交通方式划分就是出行者出行时选择的交通工具所占的比例，它以居民出行调查的数据为基础，研究人们出行时的交通方式选择行为，建立模型，从而预测基础设施或服务等条件变化时，不同交通方式之间交通需求的变化。

交通方式划分率模型根据对象区域整体交通可分为全域模型、出行端点模型等。

（4）交通流分配。

交通流分配是将已经预测出的 OD 交通量根据实际情况按照一定的规则分配到路网中的各条道路上，并求出各条道路的交通流量。

①交通阻抗。

交通阻抗（或称路阻）是交通流分配中经常提到的概念，也是一项重要指标，它直接影响交通流路径的选择和流量的分配。道路阻抗在交通流分配中可以通过路阻函数来描述，在具体分配过程中，由路段行驶时间及交叉口延误共同组成出行交通阻抗。

②交通平衡问题。

1952 年著名学者 Wardrop（沃德罗普）提出了交通网络平衡定义的第一原理和第二原理，奠定了交通流分配的基础。第一原理的定义是在道路的使用者都确切知道交通网络的状态并选择最短路径时，网络将会达到平衡状态。这条定义通常简称为 Wardrop 平衡，在实际交通流分配中也称为用户平衡或用户最优。第二原理的定义是在系统平衡的条件下，拥挤的路网上交通流应该按照平均或总的出行成本最小为依据来分配。第二原理在实际交通流分配中也称为系统最优原理。目前在交通流分配理论中，以 Wardrop 第一原理为基本指导思想的分配方法比较多。国际上通常将交通流分配方法分为平衡分配和非平衡分配两大类。对于完全满足 Wardrop 原理定义的平衡状态，则称为平衡分配方法；对于采用启发式方法或其他近似方法的分配模型，则称为非平衡分配方法。

③交通流分配模型。

交通流分配模型可分为平衡分配模型和非平衡分配模型，其中，平衡分配模型主要为用户平衡分配模型，而非平衡分配模型则有全有全无法、静态多路径法、容量限制法和容量限制多路径法等。

4. 方案制订

根据交通需求预测结果，确定城市交通综合网络及其他交通设施的规模及方案，进行城市交通系统的运量与运力的平衡。

（1）道路网络设备规划布局方案。

（2）公共交通线网布局方案。

（3）轻轨、地铁网布局方案（仅对大城市）。

（4）自行车交通网布局方案。

（5）公共停车场布局方案。

（6）城市对外出入口道路布局方案。

5. 方案评价

对城市交通网络规划方案的评价从技术与经济两个方面进行。

（1）交通网络总体性能评价。

（2）道路交通网络流量预测及交通质量评价。

（3）公共交通网络流量预测及交通质量评价。

（4）交通网络经济效益评价。

（5）交通环境评价。

6. 信息反馈与方案调整

根据方案评价结果对规划方案进行必要的调整。

（1）局部路段、交叉口等级及规模的调整。

（2）交通网络结构调整。

（3）交通方式结构调整。

（4）土地利用调整。

一般来说，若只进行（1）（2）两项调整，只需重新进行方案评价，可以不重做交通需求预测，但若进行了（3）（4）中的任何一项调整，就须重新进行交通需求预测。

二、国家综合立体交通网布局规划

1. 规划思路

《规划纲要》以习近平新时代中国特色社会主义思想为指导，深入贯彻党的十九大和十九届二中、三中、四中、五中全会精神，坚持系统观念，创新理论方法，坚持问题导向、目标导向与需求导向相结合，统筹考虑国际与国内、当前与长远、存量与增量、传统与新型、发展与安全，加强顶层谋划，充分体现“统、合、联”的基本思路。

（1）“统”，就是加强统筹、统领。

长期以来，各种运输方式布局规划更多侧重自身行业发展，在资源配置上缺乏统筹，集约发展不足。《规划纲要》统筹了各种运输方式的规模、结构、功能与布局。一是强化战略统领，以支撑服务国家重大战略实施统领综合交通运输体系发展，全面落实《交通强国建设纲要》重点任务。二是强化规划统筹，统筹铁路、公路、水运、民航、邮政等国家级基础设施规划建设，系统设计我国综合立体交通网空间布局和形态。

（2）“合”，就是加强整合、融合。

《规划纲要》充分契合各方面发展需求、融合各运输方式规划，形成工作合力。一是契合需求，通过建立统一的综合交通运输需求预测分析模型，充分考虑各运输方式技术经济比较优势，全面响应各行业发展诉求。二是融合规划，坚持系统性观念，对各运输方式国家级中长期布局规划、32 个地方组中长期布局规划进行衔接平衡，不断反复优化调整，优化存量资源利用，扩大优质增量供给。三是形成合力，各行业组、地方组、专题组充分对接，强化行业互动、上下联动、部门协同，共同开展工作。

（3）“联”，就是加强联结、联通。

《规划纲要》着力推进各种运输方式补短板、促联接，全面提升交通基础设施的网络化水平和衔接转换效率。一是完善各种运输方式网络布局，提高通达程度，充分发挥网络效应。二是加强各种运输方式联结，着力推进立体互联，构筑多层级、一体化的综合交通枢纽系统。三是加强国际与国内运输通道联结、城市群之间综合运输大通道联结、城市群内部城际交通联结、中心城市与卫星城镇联结、城市内外交通衔接。

2. 重点任务

（1）构建完善的国家综合立体交通网。

国家综合立体交通网涵盖铁路、公路、水运、民航和邮政快递的国家级交通基础设施。其中，国家铁路网包括高速铁路 7 万 km（含部分城际铁路），普速铁路 13 万 km（含部分市域铁路）；国家公路网包括国家高速公路网 16 万 km 左右，普通国道网 30 万 km 左右；国家水运网包括国家高等级航道 2.5 万 km 左右，国境国际通航河流、27 个沿海主要港口、36 个内河主要港口；国家民航网包括国家民用运输机场和国家航路网，其中国家民用运输机场 400 个左右，基本建成以世界级机场群、国际航空（货运）枢纽为核心，区域枢纽为骨干，非枢纽机场和通用机场为重要补充的国家综合机场体系；国家邮政快递网包括国家邮政快递枢纽和邮路，其中国家邮政快递枢纽由 5 个全球性国际邮政快递枢纽集群、20 个左右区域性国际邮政快递枢纽、45 个左右全国性邮政快递枢纽组成。

（2）加快建设高效率国家综合立体交通网主骨架。

《规划纲要》依据国家区域发展战略和国土空间开发保护格局，结合未来交通运输发展和空间分布特点，将城市产业集群（都市圈）按照交通运输需求量级划分为“极、组群、组团”三个层次。其中，“极”是全国交通发生吸引量最为密集的地区，对全球资源配置、对外开放格局、国土空间开发、交通组织集散等具有全国性乃至全球性的影响；“组群”是全国交通发生与吸引量较为密集的地区，承接“极”的辐射带动作用，对全国资源配置、国土空间开发、交通组织集散等具有区域性的影响；“组团”主要承接“极”与“组群”的辐射带动作用。

按照“极”“组群”和“组团”之间的交通联系强度,《规划纲要》提出由“主轴、走廊、通道”组成的国家综合立体交通网主骨架。其中,“主轴”主要服务于“极”与“极”之间的交通联系,服务的经济、人口最为密集,承担的交通运输量最为繁重,战略地位最为突出,复合程度最高(至少由两条及以上传统综合运输通道复合而成),通道构成最为复杂;“走廊”主要服务于“极”对“组群”及“组团”的辐射作用,服务的经济、人口较为密集,承担的交通运输量较大,战略地位较为突出,是复合程度较高的综合运输通道;“通道”主要服务于主轴与走廊之间的衔接,以及“组群”与“组团”之间、“组团”与“组团”之间的交通联系,服务的经济、人口及承担的交通运输量相对较少,复合程度相对较低。

国家综合立体交通网主骨架由国家综合立体交通网中最为关键的线网构成,是我国区域间、城市群间、省际间以及连通国际运输的主动脉,是支撑国土空间开发保护的主轴线,也是各种运输方式资源配置效率最高、运输强度最大的骨干网络。为支撑构建新发展格局,交通运输发展必须按照《规划纲要》要求,加快建设高效率国家综合立体交通网主骨架。

一是加快构建 6 条主轴。加强京津冀、长三角、粤港澳大湾区、成渝地区双城经济圈 4 极之间的联系,建设综合性、多通道、立体化、大容量、快速化的交通主轴,充分发挥促进全国区域发展南北互动、东西交融的重要作用。

二是加快构建 7 条走廊。强化京津冀、长三角、粤港澳大湾区、成渝地区双城经济圈 4 极的辐射作用,加强极与组群和组团之间的联系,建设 7 条多方式、多通道、便捷化的交通走廊,优化完善多中心、网络化的主骨架结构。

三是加快构建 8 条通道。强化“主轴”与“走廊”之间的衔接协调,加强“组群”与“组团”之间、“组团”与“组团”之间的联系,加强资源产业集聚地、重要口岸的连接覆盖,建设 8 条交通通道,促进内外连通、通边达海,扩大中西部和东北地区交通网络覆盖,建设多层级一体化国家综合交通枢纽系统。

(3)建设多层级一体化国家综合交通枢纽系统。

《规划纲要》提出要建设综合交通枢纽集群、枢纽城市及枢纽港站“三位一体”的国家综合交通枢纽系统。一是依托超大型城市群内高度发达的多方式一体化综合立体交通网,以国际性综合交通枢纽城市为核心,联动多个不同层级的枢纽城市,加快打造空间分布相对集中、枢纽功能融合互补、运行组织协同高效的 4 大国际性综合交通枢纽集群。二是推进国家综合交通枢纽城市建设,国家综合交通枢纽城市是综合立体交通网实现一体融合的空间载体,是枢纽功能建设和发挥的基本依托,包括 20 个左右国际性综合交通枢纽城市和 80 个左右全国性综合交通枢纽城市。三是推进综合交通枢纽港站建设,包括一批国际性、全国性综合交通枢纽港站。

（4）完善面向全球的运输网络。

围绕陆海内外联动、东西双向互济的开放格局，完善对外运输网络。一是发展多元化国际运输通道，重点打造新亚欧大陆桥、中蒙俄、中国—中亚—西亚、中国—中南半岛、中巴、中尼印和孟中印缅7条陆路国际运输通道。发展以中欧班列为重点的国际货运班列，促进国际道路运输便利化。二是完善经日本、韩国跨太平洋至美洲，经东南亚至大洋洲，经东南亚、南亚跨印度洋至欧洲和非洲跨北冰洋的冰上丝绸之路4条海上国际运输通道，保障原油、铁矿石、粮食、液化天然气等国家重点物资国际运输，拓展国际海运物流网络，加快发展邮轮经济。三是依托国际航空枢纽，构建四通八达、覆盖全球的空中客货运输网络。四是建设覆盖五洲、连通全球、互利共赢、协同高效的国际干线邮路网。

第三节　交通运输通过能力及其计算

一、交通运输通过能力概述

（一）通过能力、输送能力与运输能力的比较

1. 通过能力的概念

通过能力通常是指在单位时间内，在采用一定类型的活动设备和运输组织方法的条件下，运用固定设备在运输系统中所能通过的最大的移动设备数量（列车列数、汽车辆数、船舶艘数、飞机架数等）。

（1）通过能力的称谓。铁路与水路运输中习惯称为通过能力，比如，铁路通过能力、水路通过能力；在公路运输中习惯称为通行能力或容量，比如，公路通行能力、公路容量；在空运中习惯称为交通容量或容量，比如，空中交通容量、机场容量等。

（2）单位时间的选取。在计算通过能力时，各种运输方式选取的单位时间略有不同：铁路通常为24h，水路通常为1a，公路和航空通常为1h。

（3）通过能力的单位。铁路通常用列车对数或列车数表示，也可用车辆数或货物吨数来表示，客运专线还可用旅客人数来表示；水路航道通过能力通常用通过的货吨或船吨数表示，港口通过能力通常用港口装卸的货物自然吨数表示；公路通常用通过的车辆数表示；航空通常用通过的飞机架次数表示。

2. 输送能力的概念

输送能力，通常是指在单位时间内根据现有的移动设备和人员配备情况，运用固定

设备和运输组织方法能够向社会提供的运输产品的数量，通常用万人/a或万t/a来表示。

3. 运输能力的概念

运输能力也称综合运输能力，是运输生产重要的技术经济指标之一，它通常可以用量化的通过能力和输送能力来表示。

4. 运输能力、通过能力、输送能力的区别与联系

运输能力、通过能力与输送能力这3个术语，相互之间既有区别，又有联系。

（1）输送能力一般等于或小于通过能力，输送能力的极限值也就是该运输线路（场站）的通过能力的数值。通过能力着重从现有固定设备方面指明该运输线路（场站）可能通过的运输工具数量，并没有考虑现在移动设备（载运工具）数量和职工配备情况，而通过能力的实现将受这些因素的制约。输送能力着重从现有活动设备和职工配备情况方面指明该运输线路（场站）能够通过的旅客人数或货物吨数，它需要以通过能力为依托并将受其限制。

（2）当输送能力与通过能力一致时，运输能力也就等于通过能力或输送能力；当两者不一致时，运输能力就等于两者中较小的一个，即输送能力。而输送能力最小（最薄弱）的区段或场站则成为全线的限制因素，其最终输送能力即为全线输送能力，也即全线运输能力。

（二）通过能力的意义与影响因素

1. 通过能力的意义

（1）从运输规划与设计的角度看，它既是确定线路、场站设施建设规模的重要依据，也是企业进行运输工具、装卸设备和人员配备的基础。

（2）从交通管理的角度看，它是判断交通是否拥挤或延误及提出改进措施的主要依据。

（3）从企业营运的角度看，它既是确定企业经营目标和编制生产计划的依据，也是对运输生产进行全面分析，寻找生产系统薄弱环节的重要途径。

2. 影响通过能力的因素

影响通过能力的因素多且复杂，而且不同运输方式、不同类型的通过能力，其影响因素也有所不同。既有来自系统本身的，也有来自系统之外的；既有属于技术因素的，也有属于生产组织和经营管理方面因素的；有些因素对通过能力产生直接影响，有的则产生间接影响；有的因素可以定量，有的则难以定量。但概括起来，影响通过能力的因素主要包括运输设备的技术性能、经济因素、自然因素以及运行组织方法4个方面。

（三）提高通过能力的基本途径

提高通过能力的措施可以归纳为技术组织措施和改建措施两大类。

1. 技术组织措施

凡是用改进运输组织方法，或只需少量投资，就能使通过能力达到需要水平的加强措施，均属于技术组织措施。

（1）运输设备之间是相互关联的，因此，在选择加强通过能力的措施时，必须注意运输设备协调问题。运输设备的协调既包括区域运输系统内各种运输方式之间的协调，也包括每种运输方式的运输设备和生产环节之间的协调。

（2）在实践中，有时会采取各种办法对某些交通设施的使用加以限制，即对其通过能力予以限制，其目的在于避免交通拥挤或延误，以保证交通运输的安全和整体效益。

2. 改建措施

凡是需要大量投资，通过改建或新建技术装备来加强通过能力的措施均属改建措施。改建措施既可以增加通过能力也可以缓解交通拥挤或延误，但需要巨大的资金投入。因此，我们必须重视改进现有交通管理体制、完善交通法律法规、提高运输企业的组织管理水平和相关人员的业务素质。

二、铁路通过能力计算

（一）计算步骤

尽管不同运输方式的通过能力均有自己的计算程序与方法，但归纳起来，大都按以下步骤进行通过能力的计算。

（1）选择合理的计算公式、统一计算方法。在计算通过能力之前必须先选择合理的计算公式、统一计算方法。至于具体方法的选择不能一概而论，应结合该项设备通过能力计算的特点以及有关部门的要求等因素来确定。

（2）收集原始资料。计算方法确定后，就可以根据计算公式的要求收集原始资料。计算通过能力所收集的资料主要是对通过能力有影响的因素。

（3）确定参数的数值。确定参数的数值实际上是对参数进行预测，就是通过对历年来的生产和发展状况进行分析，研究原有参数的变化规律，并在此基础上确定参数数值。对参数的预测一般采用定性和定量相结合的方法，对于那些难以建立模型进行预测的参数，可以用定性分析与调查访问相结合的方法预测。

（4）计算各主要环节的通过能力。通过能力实际上是各主要环节通过能力的综合，它是受薄弱环节能力的限制的，因此，在测算通过能力时要按各组成部分对各主要环节的通过能力分别进行测算。

（5）对各环节通过能力进行综合平衡，确定综合通过能力。通常根据计算的结果显示，各环节的通过能力并不一致，因此，还要对各环节的能力进行综合平衡。

（二）计算方法

目前，铁路每一单项技术设备通过能力的计算方法通常采用图解法和分析计算法两种。图解法较精确，但因图解法作业量较大，费时费力，一般只用于通过能力利用程度接近饱和或特殊情况下的图解验算。分析计算法又分为直接计算法和利用率计算法，前者适用于作业性质单一的情形，后者适用于作业性质复杂、种类繁多的情形。

1. 直接计算法

设某种设备一昼夜所能生产的产品总量为 A（或总的工作时间为 T，通常为 1440min）；一昼夜不因主要作业量变化而增减的固定作业[①]所消耗该产品的总量为 $A_{固}$（或占用该设备的总时间为$\sum t_{固}$）；处理一列货物列车或一次作业所需要消耗该种产品的加权平均数量为 $\alpha_{均}$（或所需加权平均占用时间为 $t_{占均}$）；空费系数为 α（其值一般可取 0.15~0.20）；可平行进行同一种作业或生产同种产品的设备数量为 M（比如某一车站有到发线 4 条，则 M=4），则该项设备的通过能力（N）可按下列公式计算：

$$N=\frac{\left(AM-A_{固}\right)\left(1-\alpha\right)}{\alpha_{均}}+n_{固}$$

$$或\ N=\frac{\left(1440M-\sum t_{固}\right)\left(1-\alpha\right)}{t_{占均}}+n_{固}$$

$$\alpha_{均}=\beta_1\alpha_1+\beta_2\alpha_2+\cdots+\beta_i\alpha_i+\cdots+\beta_k\alpha_k=\sum_{i-1}^{k}\beta_i\alpha_i$$

$$t_{占均}=\beta_1t_1+\beta_2t_2+\cdots+\beta_it_i+\cdots+\beta_kt_k=\sum_{i-1}^{k}\beta_it_i$$

式中：α_i——第 i 种货物列车每列消耗的定额；

t_i——第 i 项作业每次占用的时间标准；

β_i——计算时采用的第 i 种货物列车数 n_i 在货物列车总数 n 中所占的百分比，或第 i 项作业次数 n_i 在作业总次数 n 中所占的百分比，$\beta_i=\frac{n_i}{n}$，并有$\sum_{i=1}^{k}n_i=n$，$\sum_{i=1}^{k}\beta_i=1$。

于是，该种货物列车或作业应分配的通过能力为 $N_i=N\beta_i$，而 $n_{固}$为计算 $A_{固}$或$\sum t_{固}$时所取的数值，即$N=N_1+N_2+\cdots+N_k+n_{固}$。

① 这类作业与车站车行量的增减无关，主要包括货场、车辆段、机务段等处的联送作业；旅客列车到发及旅客列车机车出入库；摘挂列车到发、解编及机车出入库作业和其他诸如调机出入库等作业；调车组交接班、调车机车准备作业等与行车量无关的调车作业。

2. 利用率计算法

利用率计算法是根据所规定的工作任务、各项技术作业时间标准和技术设备条件等，先求出一昼夜该种产品的总消耗量 $A_{总}$，或全部作业占用该项设备的总时间 T，然后，按下式计算通过能力利用率 K：

$$K=\frac{T-\sum t_{固}}{\left(1440M-\sum t_{固}\right)(1-\alpha)}$$

最后，按下式计算该项设备的通过能力 N：

$$N=\frac{\sum n_i}{K}+n_{固}=N_1+N_2+\cdots+N_K+n_{固}$$

[实例 1] 咽喉道岔通过能力计算。

咽喉道岔是车站（到达场、出发场及到发场）接、发列车咽喉区中作业最繁忙、通过能力最薄弱的道岔。咽喉道岔通过能力是指车站各接、发列车端，一昼夜能够接、发的最大列车数或车数，其计算步骤为对咽喉区中的各组道岔，通过计算占用道岔次数和时间，找出占用时间最长的道岔，将其定为咽喉道岔并计算其通过能力。

假设某咽喉道岔一昼夜占用设备总时间及接发各类列车数如下：

T=961min，$\sum t_{固}$=190min，$n_{货接}$=28 列，$n_{货发}$=28 列，$n_{摘发}$=1 列，$n_{摘接}$=1 列，则咽喉设备通过能力利用率 $K_{咽}$和通过能力 N 分别为：

$$K_{咽}=\frac{T-\sum t_{固}}{1440-\sum t_{固}}=\frac{961-190}{1440-190}\approx 0.62$$

$$N=\frac{\sum n_{接发}}{K}+\sum n_{固}=\frac{28+28}{0.62}+1+1\approx 92$$

[实例 2] 到发线通过能力计算。

到发线通过能力是指到发场中办理列车到发作业的线路，一昼夜能够接、发该方向的货物列车数和运行图规定的旅客列车数。

其计算方法是首先确定各种列车及作业占用到发线的总时间 T，然后根据具体情况，可采用利用率计算法计算。当车站有两个或两个以上的到发场时，其通过能力应按各车场分别计算，则全站接发货物列车的通过能力应为各到发场通过能力之和。

假设某横列式车站到发场 M=5，各方向到发列车及有关作业占用到发线时间以及接发各类列车数如下：

T=4362min，$\sum t_{固}$=567min，$\sum n_{固}$=2 列，$n_{接发}$（A）=13 列，$n_{接发}$（B）=15 列，$n_{接发}$（C）=10 列。

则到发线设备利用率 $K_{到发}$和通过能力 N 分别为：

$$K_{到发}=\frac{T-\sum t_{固}}{1440M-\sum t_{固}}=\frac{4362-567}{1440\times5-567}\approx0.57$$

$$N=\frac{\sum n_{接发}}{K}+\sum n_{固}=\frac{13+15+10}{0.57}+2\approx68\text{列（列车数量不向前进位）}$$

三、港口通过能力计算

根据用途和适用范围的不同，港口通过能力分为理论通过能力、营运通过能力和设计通过能力。

（1）理论通过能力是指港口在一定时期（通常是一年）内，在港口设施既定和劳动力一定时，在一定的组织管理条件下，最大限度利用港口各生产要素所能装卸的一定结构的货物的自然吨数。

（2）营运通过能力也称实际通过能力，是指港口在一定时期（通常是一年）内，在港口设施和劳动力既定时，在一定的组织管理条件下，港口各生产要素在得到合理利用时所能装卸的一定结构的货物的吨数。它与理论通过能力的区别在于生产要素的利用程度不同。

（3）设计通过能力是指在设计文件规定的技术装备和劳动组织条件下，按照合理的操作过程、先进的装卸工艺，并根据确定的船型和货种，港口在计划期内能够装卸的货物最大自然吨数。

（一）各环节通过能力的计算

港口通过能力是码头线、仓库堆场、铁路作业线及集疏运等作业环节通过能力的综合，在计算港口通过能力时必须按其作业环节分别进行测算。

1. 泊位通过能力

泊位通过能力是指泊位在一定时间（年、季、月）内可以装卸船舶所载的货物的最大数量，以吞吐吨或自然吨表示。

目前，关于泊位通过能力的计算，虽可以采用排队论、概率论或模拟理论等动态分析方法，但现行港口工程技术规范只做静态要求，采用公式和经验参数计算即可。

当各货种、各船型或进出口的装卸效率不同时，应先统一按单一货种、单一船型、进口和出口分别计算，然后再求这些通过能力的调和平均数，作为泊位的综合通过能力。

（1）单一货种、单一船型的泊位通过能力 $P_{泊}$：

$$P_{泊}=\frac{N_{年}\times Q_{船}}{K_{港}}$$

式中：$N_{年}$——计算期内可装卸的船舶艘数，它可以通过泊位在一定时期内的工作天数和每艘船舶在泊位停泊占用泊位的时间来确定；

$Q_{船}$——平均船舶载质量，可以根据船型和货种来确定，一般等于船舶载质量与载质量利用率的乘积（在核定泊位能力时，可以从到港船舶的统计资料中获得）；

$K_{港}$——港口生产月不平衡系数，在港口设计时可从港口设计规范中选取，或参照本港（或同类港口）在正常生产情况下历年的统计资料，按最大月装卸量与平均月装卸量的比值求得。

[实例 3] 某泊位年工作天数 300 天，平均每艘船舶停泊时间 4 天，让档时间 1 天，则该泊位年可装卸船舶数为 60 艘。

[实例 4] 假如某港口泊位年装卸船舶 50 艘，平均船舶载质量 8000t，港口不平衡系数为 1.6。根据以上公式计算可知该泊位通过能力为 25 万 t。

（2）泊位综合通过能力 $P_{泊综}$：

$$P_{泊综}=\frac{1}{\sum\frac{\alpha}{P_{泊}}}$$

式中：α——各不同货种、不同船型的货物装卸量占泊位装卸作业总量的比重；

$P_{泊}$——与 α 对应的泊位通过能力。

2. 库场通过能力

库场通过能力是指在一定时期内，库场允许通过的，或是可以堆存货物的最大数量，以货物堆存吨表示，其计算公式为：

$$P_{库}=\frac{A_{总}\times q\times \alpha_{利}\times m}{K_{库}}$$

式中：$P_{库}$——港区库场的年通过能力；

$A_{总}$——库场总面积（m^2）；

q——单位面积堆存定额，即在同一时间内平均每平方米有效面积堆存货物的吨数，堆存定额分荷重技术定额和使用定额两种，荷重技术定额是根据地面强度确定的，也就是库场地面强度所允许的单位面积荷重，而使用定额则取决于仓库的净空高度，所使用堆垛机械性能和堆垛的操作方法，货物的包装形式、材料及其强度、容重、批量大小等因素，但其最高不得超过荷重技术定额；

$\alpha_{利}$——库场总面积利用率，指库场有效面积（可以用以堆存货物的面积）与总面积的比值；

m——周转次数，即库场容量周转次数，它等于库场年工作天数与货物平均堆存期的比值，其中平均堆存期是指平均每吨货物在库场内堆存的天数，可根据库场作业的统计资料确定，若是新建仓库则可参照设计规范或同货种的其他库场资料确定；

$K_{库}$——库场工作月不平衡系数，可根据有关设计规范的参数或历年统计资料分析，按最大月堆存量与平均月堆存量的比值求得。

计算库场通过能力时，仓库和堆场应分别计算，而且在同一库场堆存若干种不同货物时，还应先分货种计算库场的通过能力，然后再用调和平均的方法计算平均通过能力。

[实例 5] 某仓库总面积 3000m^2，堆存定额 10t/m^2，库场面积利用率 70%，库场工作月不平衡系数为 1.15，库场的年工作天数为 360 天，货物在库场的平均堆存期为 8.2 天。则根据以上公式可计算该仓库的年通过能力为 801696.71t。

3. 铁路装卸线通过能力

铁路装卸线通过能力是指港口铁路装卸线在一定时期（年、月）可以装卸的火车所载货物的数量，以铁路完成的操作吨数表示。它可以根据装卸线能同时装卸及等待装卸的车辆数（一般情况下，可以用铁路装卸线的有效长度与平均车辆长度的比值求得）、平均每车装货数量、装卸线每昼夜可能的最大取送车次数、装卸线每年可以进行装卸作业的天数、铁路装卸线月不平衡系数等求得。

4. 工人装卸能力

工人装卸能力是指工人在一定时间内能完成的装卸货物的能力，以完成货物的操作吨表示。它可以根据在册工人数、工人在营运期间的作业班数、装卸人员出勤率、工时利用率、每班工作时间、工时效率等求得。

5. 机械装卸能力

机械装卸能力是指港口用于装卸生产的各类机械在一定时期内能装卸货物的最大数量，以操作吨表示。它可以根据装卸机械台数、装卸机械年营运天数、装卸机械利用率等求得。在计算机械装卸能力时，应先按照各种类型的机械分别计算，然后再求出平均机械装卸能力。

除了以上各环节的通过能力外，与港口生产有关的还有许多其他环节，如港内道路、锚地、驳运、管道、拆装箱库等的通过能力，可根据需要分别进行计算。

（二）各环节能力单位的换算

由于港口各环节的功能不同，计量单位也不一样，在计算各环节通过能力后应将其换算成同一单位——装卸自然吨，即指进出港区并经过装卸的货物的数量。

1. 泊位通过能力的换算

以吞吐吨表示的泊位通过能力 $P_{泊}$ 换算成以装卸自然吨为计量单位时，除了需要扣除装卸港内驳船的吨数外，由于在水水中转时每个装卸自然吨计算为两个吞吐吨，因此还需要扣除水水中转货物中多计入的部分，即以装卸自然吨为单位的泊位通过能力 $P_{泊换}$，用下述公式计算：

$$P_{泊换}=P_{泊}\left(1-K_{驳}\right)\left(1-\frac{K_{水水}}{2}\right)$$

式中：$K_{驳}$——驳运系数，指在船舶装卸吨数（吞吐吨）中港内驳运所占的比重；

$K_{水水}$——水水中转系数，指在船舶装卸吨数（吞吐吨）中水水中转所占的比重。

2. 库场通过能力的换算

以库存吨为单位的库场通过能力除以该入库场系数即可换算成以装卸自然吨为单位的库场通过能力。入库场系数是指经过库场堆存的货物吨数占装卸自然吨数的比重，当企业有后方仓库时，它是指进入后方库场的货物所占的比重。

3. 铁路装卸线通过能力的换算

以操作吨为单位的铁路装卸线通过能力除以铁路运输系数即可换算成以装卸自然吨为单位的铁路装卸线通过能力。铁路运输系数是指通过铁路集疏运的货物吨数占装卸自然吨数的比重。

4. 装卸工人装卸能力的换算

以操作吨为单位的装卸工人装卸能力除以操作系数即可换算成以装卸自然吨为单位的装卸工人装卸能力。操作系数是指装卸工作的操作吨数与装卸自然吨数的比值。

5. 机械装卸能力的换算

以起运吨为单位的机械装卸能力除以机械操作系数即可换算成以装卸自然吨为单位的机械装卸能力。机械操作系数是指机械的起运吨数与装卸自然吨数的比值。

（三）确定港口综合通过能力

在各环节通过能力换算成统一单位以后，应进行综合平衡以确定全港综合通过能力。在综合平衡时应根据各生产要素的共用程度确定平衡的范围，通常按照泊位—装卸企业（或装卸区）—全港的顺序进行，即：

$$P_{泊综}=\min\left(P_{泊},P_{工},P_{机}\right)$$

$$P_{企综}=\min\left(\sum P_{库},P_{铁}\right)$$

$$P_{港综}=\min\left(\sum P_{泊综},\sum P_{企综},P_{港运},P_{进}\right)$$

式中：$P_{泊综}$——泊位综合通过能力；

$P_{企综}$——装卸企业（或装卸区）综合通过能力；

$P_{港综}$——全港综合通过能力；

$P_{工}$ ——工人装卸能力；

$P_{机}$ ——机械装卸能力；

$P_{铁}$ ——铁路装卸线年通过能力；

$P_{港运}$——港内运输工具（驳船、汽车等）的运输能力；

$P_{进}$ ——进出港航道的通过能力。

其他符号含义如前所述。

[实例6] 某港口库场堆存能力为120万t，机械装卸能力为150万t，车场通过能力为90万t。该港散货专业化泊位的有关数据如下：月平均装卸量10万t，月最大装卸量12万t，平均船舶载质量1万t，停泊时间2.5天（其中包括让档时间0.5天），泊位年工作天数300天。

根据以上资料，可计算出该港口不平衡系数为1.2，该散货专业化泊位年可装卸的船舶数120艘，该泊位年通过能力为100万t，该港口年综合通过能力为90万t。

四、道路通行能力计算

（一）交通流要素与道路服务水平

1. 交通量

（1）交通量的定义。

单位时间内通过道路某一地点或某一断面的交通参与者（如车辆、行人）的数量。一般不加说明主要是指单位时间内通过道路某一断面来往于两个方向的车辆数，简称流量，因此，在用词上往往将流量称为交通量。

（2）交通量的表示方法。

表示某时间单位（日、小时等）的交通量，如小时交通量、日交通量、高峰小时交通量。表示某一时段内交通量平均值的平均交通量。

第30位最高小时交通量指将一年当中测得的8760小时的交通量按大小顺序排列，其序号为第30位的交通量。美国以此作为设计交通量。

（3）交通量分布特性——不平衡性。

交通量分布特性研究交通量随时间和空间（地区、地点、方向和车道）变化的规律。

高峰小时系数（PHF）= 高峰小时交通量 / 扩大高峰小时交通量

扩大高峰小时交通量 =（$60/t$）× 时段内最高交通量（t：以分钟为单位的时段）

[实例7] 表6–1为某路段8:00—9:00高峰小时每5min时段交通量统计，求PHF。

如表6–1所示，8:25—8:30为最高峰的5min，故 $PHF=1359/(12\times120)=0.943$。

表 6–1　　某路段 8 : 00—9 : 00 高峰小时每 5min 时段交通量统计

东行	64	63	59	62	68	69	61	54	54	57	64	49	724
西行	54	51	53	49	46	51	54	52	50	61	56	58	635

（4）交通量的作用。

交通规划、交通设施设计、评价道路使用情况、评价交通安全、制订道路养护计划、制定拨款标准、安排运输计划、交通管理。

2. 行车速度

（1）空间平均速度（也称平均行程速度）= 公路路段长 / 若干辆车通过该路段的平均行程时间。空间平均速度与车辆数、公路路段长有关，是车辆密度的函数。

（2）时间平均速度 = 点车速的平均值。时间平均速度是交通量的函数。

（3）百分位车速——85% 位车速、15% 位车速、50% 位车速。85% 位车速：总交通量中 85% 的车辆速度低于此值，为最高限制车速。15% 位车速：总交通量中 15% 的车辆速度低于此值，为最低限制车速。

3. 交通密度

交通密度是指道路单位长度的车辆数（辆 /km），用以下公式计算：

交通密度 = 路段车辆数 / 路段长度

= 交通量 / 空间平均速度——称为交通流特性基本关系式

平均车头间距（km/ 辆）= 路段长度 / 路段车辆数

平均车头时距（s/ 辆）= 所用时间 / 路段车辆数

车道占有率 = 观测路段车辆行驶的总长度 / 观测路段总长度

时间占有率 = 车辆通过某一断面累计时间 / 测定时间

作用：交通密度可以判定交通拥挤的程度。

4. 速度、流量与密度关系

速度、流量与密度三者间的关系如图 6–2、图 6–3、图 6–4 所示。

（1）速度—密度（*S*—*K*）关系，格林希尔兹提出的线性关系公式如下。

速度 = 自由流速度（1– 密度 / 阻塞密度）

（2）流量—密度（*V*—*K*）关系如下式。

流量 = 自由流速度（密度 – 密度平方 / 阻塞密度）

对密度求导并令其等于零，可知，流量最大时的密度等于阻塞密度的一半。

（3）流量—速度（*V*—*S*）关系如下式。

流量 = 速度 × 阻塞密度（1– 速度 / 自由流速度）

对其求导，可知，流量最大时的速度等于自由流速度的一半。

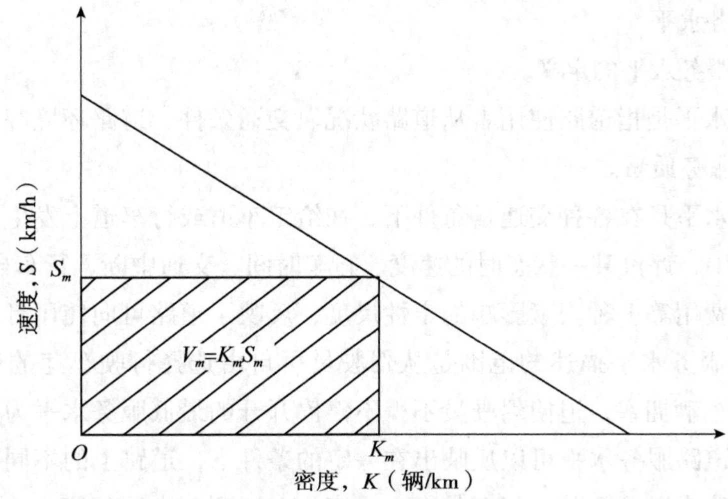

图 6-2 速度—密度关系

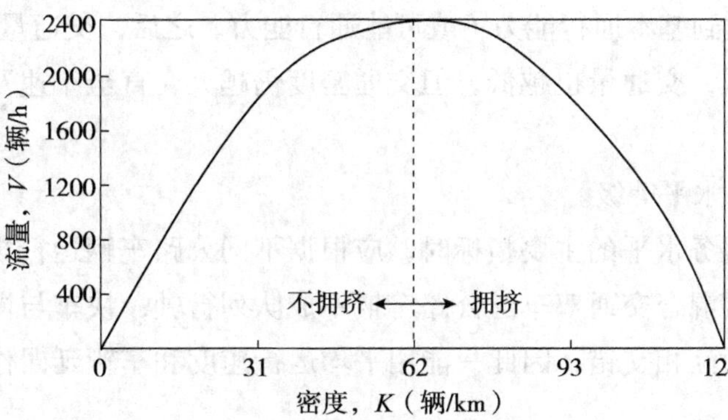

图 6-3 流量—密度关系

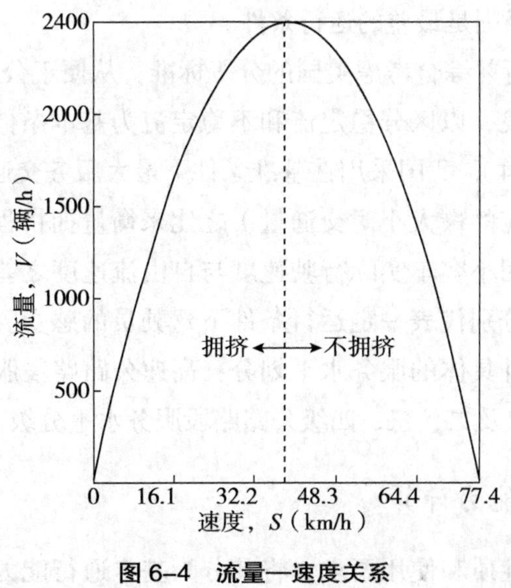

图 6-4 流量—速度关系

5. 道路服务水平

（1）道路服务水平的定义。

道路服务水平是指道路使用者从道路状况、交通条件、道路环境等方面可能得到的服务程度或服务质量。

道路服务水平是在各种交通量条件下，在给定车道或行车道上发生的各种行驶状态的无数组合中，评价某一状态时的速度、行车时间、交通中断、行车自由、安全性、舒适性和行车费用等多种因素影响的定性尺度，反映了道路可向使用者提供的综合使用效果。道路服务水平描述的范围是从驾驶员可自由选择行驶车速的最高服务水平起，直至路上车辆拥塞，迫使驾驶员不得不停停开开的最低服务水平为止的各种运行条件。所以，道路服务水平可以反映出在一定的条件下，道路上的不同车流状态和与之相应的通行能力以及驾驶员驾车的自由程度。在达到基本通行能力（或可能通行能力）之前，交通量越大，则交通密度也越大，而车速越低，运行质量也越低，即道路服务水平越低。达到基本通行能力（或可能通行能力）之后，交通量则不可能再增加，而是运行质量越低，交通量也越低，但交通密度仍越大，直至车速及交通量均下降至零为止。

（2）道路服务水平等级。

在选择道路服务水平的主要指标时，应根据不同公路车辆运行规律的差异，采取不同的指标。通常混合交通双车道公路车辆不成队列行驶，快车与慢车的横向行驶位置各不相同，常常互相交错，因此只能用平均运行速度和车辆延误作为衡量道路服务水平的主要指标。

美国把道路服务水平分为 A、B、C、D、E、F 六个服务等级，其中 A 级代表车流运行条件最佳，而 F 级则是最差的运行条件。

根据实际观测分析并综合考虑美国的分级标准，从便于公路规划设计、使用方便、可操作性强的角度出发，以区分稳定流和不稳定流为基本条件。根据《公路工程技术标准》（JTG B01—2014），我国采用在基准条件下最大服务交通量与基准通行能力（五级服务水平条件下对应的最大小时交通量）之比来衡量拥挤程度，作为评价服务水平的主要指标，同时采用小客车实际行驶速度与自由流速度之差作为次要评价指标，将服务水平分为六级，分别代表一定运行条件下驾驶员的感受。同时，考虑不同等级路段的差别，规定了三种具体的服务水平划分：高速公路路段服务水平分级、一级公路路段服务水平分级，以及二、三、四级公路路段服务水平分级。

（二）三种通行能力计算

根据通行能力的性质和使用要求，将其分为基本通行能力、可能通行能力和设计通行能力三种。

1. 基本通行能力

基本通行能力，称为理论通行能力，是指在理想的道路、交通、控制和环境条件下，一条车道的均匀路段上或一断面上 1 小时所能通过标准车辆的最大辆数。

理想交通条件是指道路上单一小客车行驶，车头间距能保持设计车速行驶所要求的最小车头间距，无混合车种和行人干扰。衡量的一般标准包括车道宽度大于 3.50m，侧向余宽大于 1.75m，无纵坡，线形好，有足够视距，能满足设计车速要求，无街道化干扰。

设车流为单一标准车型的连续流，其行驶车速为 v（km/h），与之相适应的最小车头间距为 s（m / 辆），最小车头时距为 T（s / 辆），则基本通行能力为 C_B，基本通行能力计算车流模型如图 6–5 所示。

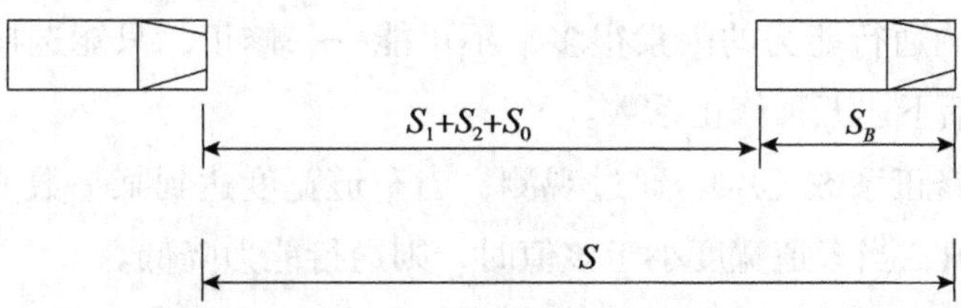

图 6–5 基本通行能力计算车流模型

$$C_B = \frac{1000v}{s}\left(\text{辆/h}\right)$$

$$S = S_B + S_1 + S_2 + S_0 = S_B + \frac{vt}{3.6} + \frac{v^2}{254(\varphi \pm i)} + S_0$$

式中：C_B——基本通行能力；

S_B——车辆长度；

S_1——反应距离（m）；

S_2——制动距离（m）；

S_0——安全距离（m），一般取 3m；

t——驾驶员反应时间，一般取 1.5~2.5s；

i——道路纵坡度，上、下坡度；

φ——轮胎与路面间的纵向附着系数，轮胎与路面间的纵向附着系数与轮胎花纹、路面粗糙度和平整度、路面湿度、行车速度等因素有关。

从上式可以看出，前后两车在运动中彼此保持着安全车头间距，但在后车制动停车的同时，前车实际上也走了一段制动距离，在公式中没有考虑，因此 S 值偏大，若考虑前车的制动距离 S_{qz}，则：

$$S = S_B + S_1 + S_2 + S_0 - S_{qz}$$

如前后两车的制动性能相同，即 S_2=S_{qz}，则：

$$S = S_B + S_1 + S_0$$

用实测车头时距计算或用公式计算的基本通行能力，大都在 2000~3000 辆 / h 变化。

2. 可能通行能力

可能通行能力是指在实际的道路、交通、控制及环境条件下，一条车道的均匀路段上或一断面上 1 小时所能通过标准车辆的最大辆数。

由于实际的道路和交通条件与理想的道路和交通条件有较大的差距，所以可能通行能力是以基本通行能力为基础，考虑实际的道路和交通状况，确定其修正系数，再以此修正系数乘以基本通行能力，即得实际的道路、交通、控制及环境条件下的可能通行能力。

（1）道路条件修正系数。

道路条件影响通行能力的因素很多，不可能一一修正，只能选择影响大的主要方面予以修正，包括下述五种修正系数。

①车道宽度修正系数（γ_1）。通过观测，当车道宽度达到某一数值时，其通过量达到理论上的最大值；当车道宽度小于该值时，则通行能力降低。

②侧向净宽修正系数（γ_2）。侧向净宽是指车道外边缘至路侧障碍物（护墙、桥栏、挡墙、灯柱、临时停放的车辆等）的横向距离。当侧向净宽小于理想条件的数值时，会使驾驶员产生不安全感，驾驶车辆偏向路中行驶，致使边车道无法利用，这意味着减小侧向净宽会影响通行能力。

③纵坡度修正系数（γ_3）。载货汽车、公共汽车等大型车在道路上占有面积大，当因上坡而减速行驶时，将影响通行能力。当坡度大且纵坡长时，影响尤为严重。国外均以小轿车为标准车型，由于小轿车后备功率大，当纵坡小于 7% 时，车速降低很少，因而可不予修正。

美国的修正方法有两种。一种方法是当量法，先将 1 辆大型车换算成与此相当的小轿车数量，称此换算值为大型车对小轿车的换算系数，或称小轿车的当量值（$\mathrm{E_{HV}}$）；再将换算系数代入下列公式中，得大型车修正系数，亦称大型车混入率修正系数（γ_6）。

$$\gamma_6 = \frac{1}{1 + P_{HV}\left(\mathrm{E_{HV}} - 1\right)}$$

式中：P_{HV}——大型车交通量占总交通量的比率。

另一种方法是用上坡时的最大车流量与平坡时的最大车流量的比值表示，这样求得的百分数即为大型车修正系数。

④视距修正系数（γ_4）。道路线形的几何要素应满足设计车速的条件，但由于客观

原因视距不足，往往不能满足行车要求，特别是超车的要求。据研究，在超车视距小于450m的路段，如平曲线或竖曲线路段，可按其占道路全长的百分数进行修正。视距不足的路段越长，其影响越大。视距不足的修正只适用于双车道道路。

⑤沿途条件修正系数（γ_5）。沿途条件是指道路两旁街道化，由于道路两侧有建筑物，常产生行人和非机动车流对汽车的干扰，从而迫使汽车降速，通行能力降低。因此，需要对不限制出入的道路的通行能力进行修正（限制出入的道路的通行能力无修正必要）。对沿途条件的修正，在定量上未能较好解决时，用道路两旁街道化的程度来反映修正系数，但这种修正不包括交叉口所造成的直接影响。凡有交叉口的，以交叉口的通行能力为准。

（2）交通条件修正系数。

鉴于交通条件极其复杂，仅将车辆组成作为主要修正系数。特别是混合交通情况，车种繁多，它们不仅多占道路面积，且因车速各自不同，相互间干扰尤其严重，严重影响通行能力。载货汽车混入时，可引入大型车混入率修正系数，作为反映交通条件修正系数的一个体现。

综合考虑上述几种道路、交通条件修正系数，可能通行能力 C_C 计算如下：

$$C_C = \gamma_1\gamma_2\gamma_3\gamma_4\gamma_5\gamma_6 C_B$$

3. 设计通行能力

设计通行能力是指某设计中的道路的一个组成部分在预测的道路、交通、控制及环境条件下，该组成部分的一条车道或一行车道对上述诸条件有代表性的均匀路段上或一断面上，在所选用的道路服务水平下，1小时所能通过的车辆（在混合交通公路上为标准车辆）的最大辆数。

设计通行能力是道路根据使用要求的不同，在不同道路服务水平条件下所具有的通行能力，也就是要求道路所承担的交通量，作为道路规划和设计的依据。只要确定道路的可能通行能力，再乘以给定道路服务水平交通量与基本通行能力的比值系数，就能得到设计通行能力，即：

$$C_D = C_C \times \left(V / C_B\right)_i$$

式中：$(V/C_B)_i$——第 i 级道路服务水平交通量与基本通行能力的比值系数。

设计通行能力则是实际可以接受的通行能力（或交通量），它是基于道路服务水平要求，并按照经济、安全等因素加以确定的，用以作为道路规划和设计的标准。不同的道路规划等级有相应的服务系数。

第七章　交通运输设备及其运用

第一节　交通运输设备

一、集装化设备

集装化设备，是指用集装单元化的形式进行存储、运输、装卸搬运等作业的物流设备与器具。其中，集装箱和托盘是最重要、应用最广的集装化设备。

（一）集装箱

1. 集装箱的概念

集装箱（Container），在中国南方被称为“货柜”。其中，重箱（Loaded Container）也称“重柜”，空箱（Empty Container）也称“吉柜”。目前，世界各国多采用国际标准化组织（ISO）对集装箱的定义。

集装箱作为一种集装单元器具，应满足下列要求：①具有足够的强度，可长期反复使用；②适于一种或多种运输方式运送，途中转运时，箱内货物不需换装；③具有快速装卸搬运的装置，特别便于从一种运输方式转移到另一种运输方式；④便于货物装满或卸空；⑤具有 $1m^3$ 及以上的容积。集装箱这一术语不包括车辆和一般包装。

由此可见，集装箱作为一种集装单元器具，有其特定的要求，以便货物运输和机械装卸。当然，在集装箱买卖合同下，集装箱作为一种特殊货物进行交易，这通常发生在集装箱制造企业与船公司之间。显然，集装箱在特定情况下又是一种货物。

2. 集装箱的标准

集装箱的标准按使用范围分，有国际标准、国家标准、地区标准和企业标准等。

国际标准集装箱共有 13 种规格，其宽度均一样（2438mm），长度有 4 种（12192mm、9125mm、6058mm、2991mm），高度有 4 种（2896mm、2591mm、2438mm、低于 2438mm）。目前使用的国际标准集装箱主要有 ISO/TC 104 制定的第 1 系列的 4 种箱型，即 A 型、B 型、C 型、D 型。关于它们的外部尺寸，其中，1A 型集装箱是业务中常见的 40ft 集装箱，其对应的国际计量单位为 FEU；1C 型集装箱是业务中常见的 20ft 集装箱，其对应的国际计量单位为 TEU；1AAA 和 1BBB 型是 2 种超高箱型，俗称“高柜”。为了便于计算集装箱的数量，以 20ft 集装箱作为换算标准箱，将 TEU 作为计算集装箱船载箱量、港口集装箱吞吐量等的国际计量单位。故存在下列换算关系：40ft 集装箱对应 2TEU，30ft 集装箱对应 1.5TEU，20ft 集装箱对应 1TEU，10ft 集装箱对应 0.5TEU。

目前，世界主要发达国家逐步形成以国际标准集装箱运输为主体、内陆集装箱运输为辅助的集装箱运输格局。所谓内陆集装箱，就是与国际标准集装箱规格不同的新系列标准集装箱，其核心特点是有效增加集装箱的长度及宽度，便于集装箱装载机械作业，提升集装箱运输效率。

我国国家标准有《系列 1 集装箱 分类、尺寸和额定质量》（GB/T 1413—2008），此标准代替《系列 1 集装箱 分类、尺寸和额定质量》（GB/T 1413—1998）。主要技术差异如下：一是增加了公称长度为 45ft 集装箱的相关内容和具体的技术数据；二是集装箱定义第 1 条中的“可长期反复使用”改为“在有效使用期内可以反复使用”，使之更符合安全作业的原则；三是标准中 1BBB、1BB、1B、1BX、1CC、1C 和 1CX 型集装箱的最大额定质量由原来的 24000 kg、25400 kg统一修订为 30480 kg；四是标准中 1BBB、1BB、1B、1BX 型集装箱长度公差由原来的 0in~3/16in 修订为 0in~3/8in。

我国内陆集装箱运输是伴随着外贸集装箱运输发展起来的，目前几乎全部采用的是国际标准集装箱。因而在运输环节中存在一些突出的问题，主要表现在以下两个方面。

（1）集装箱内部尺寸与国际标准托盘装载模数冲突。这会导致集装箱装运货物不能满载，不利于机械化作业，也不能有效提高物流效率并降低物流成本。

（2）集装箱外部尺寸与运载工具外廓尺寸冲突。运输可能存在着运能浪费的现象，特别是在运力紧张的情况下。

基于此，2017 年底，我国发布了适用于内陆多式联运集装箱的国家标准，《系列 2 集装箱 分类、尺寸和额定质量》（GB/T 35201—2017）。系列 2 集装箱的宽度统一为 2550mm，系列 2 集装箱的额定质量一般为 30480kg。此标准的制定可以有效提高内陆多式联运的运输效率。

内陆集装箱运输除了使用宽体集装箱外，根据需要，也可以使用小型集装箱，以适应小批量货物的运输需求。比如，2016 年初，原中国铁路总公司为适应零散货物快速发展的运输需要，向铁路货物运输市场投入了 10 万只 1.5t 小型集装箱。

3. 集装箱的分类

基于不同角度，集装箱可有不同的分类。比如，按使用材料不同，可分为铝合金集装箱、钢制集装箱、玻璃钢制集装箱；按使用目的不同，可分为干货集装箱（Dry

Container)、冷藏集装箱(Refrigerated Container)、散装货集装箱(Bulk Container)、开顶集装箱(Open Top Container)、框架集装箱(Flat Rack Container)、罐式集装箱(Tank Container)以及一些特种专用集装箱，如汽车集装箱、牲畜集装箱、兽皮集装箱等；按所有者不同，可分为货主自备箱(Shipper's Own Container，SOC)、承运人箱(Carrier's Own Container，COC)和出租箱(Lender's Own Container，LOC)。

4. 集装箱的标记

《集装箱代码、识别和标记》(ISO 6346 : 1995)规定的标记可以归纳为必备标记和自选标记两类，每一类标记中又分识别标记和作业标记。具体来说，集装箱上有箱主代码、顺序号(箱号)、核对数字(校验码)、尺寸和箱型代码等。

(1)必备标记。

识别标记包括箱主代码、顺序号和核对数字等。比如，COSU800563[1]，其中，COSU这4位大写拉丁字母中，前3位表示箱主代码，第4位则表示设备识别码，U代表所有的集装箱。例如，COSU表示原中国远洋运输(集团)总公司所有的集装箱，TBJU表示原中国铁道部所有的集装箱。顺序号，又称箱号，由6位阿拉伯数字组成。若有效数字不足6位时，则在有效数字前用"0"补足6位，如"053842"。核对数字是用来判断箱主代码和顺序号传递是否准确的依据。它位于顺序号后，由1位阿拉伯数字加一方框表示。

作业标记包括最大总质量和空箱质量、空/陆水联运集装箱标记、箱顶防电击警示标记等。此外，还应标记出集装箱的容积。

(2)自选标记。

识别标记有：①国家和地区名称代码，如中国用CN；②尺寸和箱型代码，如45G1，其中45为尺寸代码，表示集装箱的外部尺寸，这是1AAA型集装箱，G1为箱型代码，表示集装箱的箱型及其特征，这是货物上部空间设有透气孔的集装箱。

作业标记包括超高标记及国际铁路联盟标记等。超高标记是指箱高超过2.6m(8ft 6in)的集装箱高度标记。国际铁路联盟标记是在欧洲铁路上运输集装箱时必须具备的通行标志。

此外，集装箱在运输过程中若要顺利地通过或进入他国国境，箱上必须贴有符合规定要求的各种标记，主要有国际集装箱安全公约(CSC)要求的有效的安全合格牌照、集装箱批准牌照、检验合格徽等；对于装有危险货物的集装箱，还应有规格不小于250mm×250mm的至少4幅《国际海运危险货物规则》类别标志贴于外部明显的地方。

5. 集装箱货物的交付方式与组织方式

(1)集装箱货物的交付方式。

集装箱货物的交付方式是指集装箱运输中船公司与货主双方的交付方式。不同的交付方式规定了船公司和货主不同的责任范围、风险和费用。

目前集装箱运输中货物的交付地点有门（DR）、集装箱堆场（CY）、船边或吊钩、集装箱货运站（CFS）。据此，理论上可以通过排列组合的方法得到16种集装箱货物的交付方式，但为了充分发挥集装箱码头的装卸优势，很少采用船边或吊钩。因此，在实践中，集装箱货物通常采用门到门（DR to DR）、门到场（DR to CY）、门到站（DR to CFS）、场到门（CY to DR）、场到场（CY to CY）、场到站（CY to CFS）、站到门（CFS to DR）、站到场（CFS to CY）、站到站（CFS to CFS）这9种交付方式。

（2）集装箱货物的组织方式。

在集装箱货物的流转过程中，其流转形态分为两种：一种为整箱货[Full Container（Cargo）Load，FCL]；另一种为拼箱货[Less than Container（Cargo）Load，LCL]。其中，整箱货是指由发货人负责装箱、计数、积载并加铅封的集装箱货物。整箱货的拆箱，一般由收货人办理，但也可以委托承运人在集装箱货运站拆箱，因此，整箱货通常只有一个发货人和一个收货人。拼箱货是指由承运人委托的集装箱货运站负责装箱、计数、填写装箱单并加封志的集装箱货物，通常每一票货物的数量较少，因此拼箱货会涉及多个发货人和多个收货人。

对于整箱货，承运人以箱为交付单位，承担在箱体完好和封志完整的情况下接收并在相同的情况下交付整箱货的责任。换言之，只要集装箱外表与收箱时相似且铅封完整，承运人就不负责箱内的货损、货差，除非货主举证确属承运人负责事故的损失。因此，在整箱货的提单上，通常要加注“托运人装箱、计数并加铅封”等不知条款。对于拼箱货，承运人应负责在箱内每件货物外表状况明显良好的情况下接收并在相同的情况下交付。

根据具体航线上的经济地理条件，可有以下4种不同的组织方式。

① FCL/FCL：在发货地组织整箱货，运到收货地后以整箱货送交收货人。

② FCL/LCL：在发货地组织整箱货，运到收货地内地仓库作为拼箱货拆箱，再分送各收货人。

③ LCL/FCL：在发货地内地仓库组织拼箱货装箱，运到收货地后以整箱货送交收货人。

④ LCL/LCL：在发货地内地仓库组织拼箱货装箱，运到收货地内地仓库作为拼箱货拆箱，再分送各收货人。

由于整箱货由发货人/收货人在工厂装/拆箱，因此，整箱货的交付地点必定为DR或CY；而拼箱货由承运人委托的集装箱货运站装/拆箱，因此，拼箱货的交付地点必定为CFS。由此可见，4种组织方式与9种交付方式之间存在一定的联系与对应关系，即DR to CY、DR to DR、CY to CY、CY to DR对应FCL/FCL；CY to CFS、DR to CFS对应FCL/LCL；CFS to CY、CFS to DR对应LCL/FCL；CFS to CFS对应LCL/LCL。

集装箱货物的交付方式与组织方式的关联如图 7–1 所示。

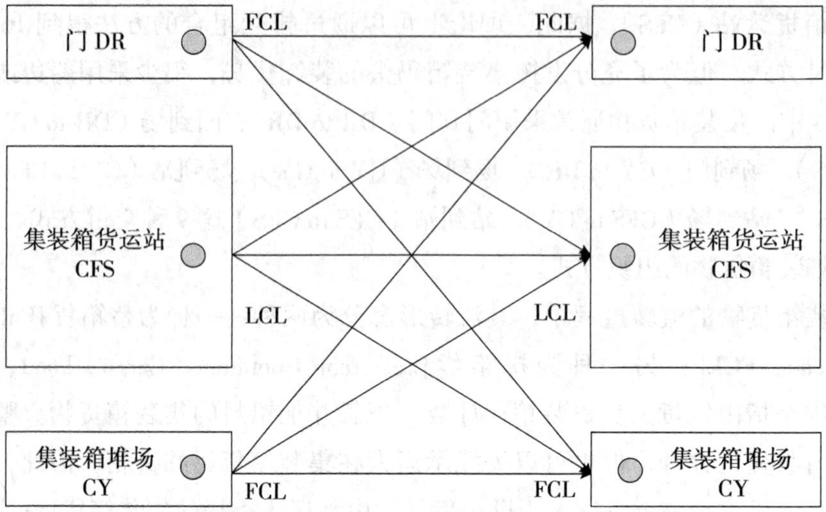

图 7–1 集装箱货物的交付方式与组织方式的关联

（二）托盘

1. 托盘的概念与作用

中国国家标准《物流术语》对托盘的定义是：在运输、搬运和存储过程中，将物品规整为货物单元时，作为承载面并包括承载面上辅助结构件的装置。

作为与集装箱类似的一种集装化设备，托盘现已广泛应用于生产、运输、仓储和流通等领域，被认为是 20 世纪物流业中两大关键性创新之一。托盘作为物流运作过程中重要的搬运、存储和运输设备，与叉车配套使用在现代物流中发挥着巨大的作用。

2. 托盘的类型

按材质、用途、台面、叉车的叉入方式和结构区分，托盘有多种类型。

（1）平托盘。

平托盘几乎是托盘的代名词，只要一提托盘，一般都是指平托盘，因为平托盘使用范围最广、利用数量最大、通用性最好。平托盘又可细分为三种类型。

①根据台面分类。有单面型、单面使用型、双面使用型和翼型四种类型。

②根据叉车的叉入方式分类。有单向叉入型、双向叉入型、四向叉入型三种类型。

③根据材质分类。有木制平托盘、钢制平托盘、塑料制平托盘、复合材料平托盘以及纸制平托盘五种。复合材料平托盘和塑料制平托盘上升比例较大。

（2）柱式托盘。

柱式托盘分为固定式和可卸式两种类型，其基本结构是：柱式托盘的四个角有钢制立柱，柱子上端可用横梁连接，形成框架。柱式托盘的主要作用：一是利用钢制立柱支撑货物，往高叠放；二是防止柱式托盘上放置的货物在运输和装卸过程中发生塌垛。

（3）箱式托盘。

箱式托盘是四面有侧板的托盘，有的有顶板，有的没有顶板。侧板有固定式、折叠式、可卸式三种类型。四周栏板有板式、栅式和网式三种类型。箱式托盘防护能力强，可防止塌垛和货损，可装载异形、不能稳定堆码的货物，应用范围广。

（4）轮式托盘。

轮式托盘与柱式托盘和箱式托盘相比，多了下部的小型轮子。因而，轮式托盘显示出能短距离移动、自行搬运或滚上滚下式装卸等优势，其用途广泛、适用性强。

（5）特种专用托盘。

由于托盘作业效率高、安全稳定，尤其在一些要求快速作业的场合，更突出了托盘的重要性，所以各国纷纷研制了多种多样的特种专用托盘，比如平板玻璃集装托盘、轮胎专用托盘、油桶专用托盘、长尺寸物托盘等。

（6）滑板托盘。

在一个或多个边上设有翼板的平板。用于搬运、存储或运输单元载荷形式的货物或产品的底板。

（7）植绒内托。

这是一种采用特殊材料的吸塑托盘，在普通的塑料硬片表面粘上一层绒质材料，从而使托盘表面有绒质的手感，用来提高包装品档次。

3. 托盘的规格

《洲际物料输送用平托盘 主要尺寸和公差》（ISO 6780：2003）推荐以下六种托盘的规格：1200mm×1000mm、1200mm×800mm、1219mm×1016mm、1140mm×1140mm、1100mm×1100mm 和 1067mm×1067mm。其中，1200mm×1000mm 托盘在全球应用较广，在中国也得到较广泛的应用。

目前，我国流通中的托盘规格比较杂乱。其中，塑料制平托盘的规格相对比较集中，主要是 1100mm×1100mm 和 1200mm×1000mm。对中国托盘规格选用，学界有两种不同的主张：一种是主“长”派，主张选用 1200mm×1000mm 长方形托盘；另一种是主“正”派，主张选用 1100mm×1100mm 正方形托盘。实际上，装载货物的托盘流向直接影响托盘规格的选择。比如，通常发往欧洲的货物要选择 1200mm×1000mm 或 1200mm×800mm 的托盘；通常发往日本、韩国的货物要选择 1100mm×1100mm 的托盘；通常发往大洋洲的货物要选择 1140mm×1140mm 或 1067mm×1067mm 的托盘；通常发往美国的货物要选择 1219mm×1016mm 的托盘。

二、装卸搬运设备

装卸搬运设备是指用来搬移、升降、装卸和短距离输送物料或货物的机械设备。装卸搬运设备是实现装卸搬运作业机械化的基础，是物流设备中重要的机械设备。它不仅可用于完成船舶与车辆货物的装卸，而且还可用于完成堆场货物的堆码、拆垛、运输以及舱内、车内、库内货物的起重和搬运。

以集装箱码头为例，主要分为码头前沿装卸设备、堆场装卸设备和连接码头前沿及堆场的水平运输设备三部分。

1. 码头前沿装卸设备

集装箱码头通常配置集装箱起重机（俗称岸桥）。

2. 堆场装卸设备

其包括轮胎式集装箱门式起重机（俗称场桥）、轨道式集装箱门式起重机、正面吊等。我国集装箱码头、堆场普遍采用轮胎式或轨道式集装箱门式起重机。

3. 连接码头前沿及堆场的水平运输设备

其包括集装箱跨运车、叉车、集装箱拖车等。在自动化集装箱码头或堆场，则使用自动导引车（AGV）等设备。

三、载运工具

载运工具包括客运工具与货运工具。其中，货运工具根据其从事运送活动的独立程度可以分为三类：没有载货容器，只提供原动机的运输工具，如铁路机车、拖船、牵引车等；没有原动机，只有载货容器的从动运输工具，如挂车、驳船等；既有载货容器，又有原动机的独立运输工具，如货轮、货车、货机等。管道运输是一种相对特殊的运输方式，它的载货容器与原动机的组合较为特殊，载货容器为干管，原动机为泵（热）站，这些设备总是固定在特定的空间内，不像其他运输工具那样凭自身的移动带着货物发生位移。从这个角度看，可以把泵（热）站视为运输工具，甚至把干管都视为运输工具。

载运工具随着科学技术水平和管理水平的不断提高而日益先进、完善，理想的载运工具应具备结构简单、安全、轻巧、易于操纵管理、造价低、宽敞舒适、耐用、故障少、易维修、容量大、振动小、耗用能源少、污染少等特性。

（一）无人自主交通装置

在国际上，谈到无人自主交通装置时，主要用到的术语是“Unmanned Vehicle（UV）”，其包括：无人机、自动驾驶汽车、无人船等。

1. 无人机

（1）定义。

无人机是利用无线电遥控设备和自备的程序控制装置操纵的不载人飞机，或者由车载计算机完全地或间歇地自主操作。

（2）分类。

按活动半径分类，无人机可分为超近程无人机、近程无人机、短程无人机、中程无人机和远程无人机，其活动半径分别为15km以内、15~50km、50~200km、200~800km、大于800km。

按任务高度分类，无人机可分为超低空无人机、低空无人机、中空无人机、高空无人机和超高空无人机。其任务高度分别为0~100m，100~1000m，1000~7000m，7000~18000m，大于18000m。

（3）应用范围。

无人机往往适合那些太“危险”的任务。按应用领域，可分为军用与民用。军用方面，无人机分为侦察机和靶机。民用方面，目前在航拍、农业、植保、快递运输、灾难救援、观察野生动物、监控传染病、测绘、新闻报道、电力巡检、影视拍摄等领域应用，大大拓展了无人机本身的用途。

2. 自动驾驶汽车

（1）定义。

自动驾驶汽车（Autonomous Vehicle；Self-driving Automobile）又称无人驾驶汽车、电脑驾驶汽车或轮式移动机器人，是一种通过电脑系统实现无人驾驶的智能汽车。也就是说，在驾乘人员乘坐该车时，即便驾驶员不去操控汽车，该车也可以根据既定的路线安全到达目的地。

（2）分级。

美国汽车工程师学会（Society of Automotive Engineers，SAE）发布的《标准道路机动车驾驶自动化系统分类与定义》将其分为六个等级。我国的国家标准《汽车驾驶自动化分级》与之类似。

① Level 0（No Driving Automation）。Level 0 被称为“非自动化”，是驾驶员具有绝对控制权的阶段。

② Level 1（Driver Assistance）。Level 1 被称为“辅助驾驶”。在 Level 1 阶段，系统在同一时间至多拥有“部分控制权”——要么控制转向，要么控制油门/刹车。当紧急情况突发时，驾驶员需要随时做好立即接替控制的准备，并且驾驶员需要对周围环境进行监控。

③ Level 2（Partial Driving Automation）。Level 2 被称为“半自动化”。与 Level 1 阶段不同，Level 2 阶段转移给系统的控制权从“部分”变为“全部”。也就是说，在普通

驾驶环境下，驾驶员可以将横向和纵向的控制权同时转交给系统，并且驾驶员需要对周围环境进行监控。

④ Level 3（Conditional Driving Automation）。Level 3 被称为“有条件的自动化”，是指系统完成大多数的驾驶操作，仅当紧急情况发生时，驾驶员视情况给出适当应答的阶段。此时，系统接替驾驶员，对周围环境进行监控。

⑤ Level 4（High Driving Automation）。Level 4 被称为“高度自动化”，是指系统在驾驶员不做出“应答”的条件下，也可以完成所有的驾驶操作的阶段。但是，此时系统仅支持部分驾驶模式，并不能适应全部场景。

⑥ Level 5（Full Driving Automation）。Level 5 被称为“全自动化”，与 Level 0、Level 1、Level 2、Level 3、Level 4 最为主要的区别在于，系统能够支持所有的驾驶模式。在这一阶段中，可能将不再允许驾驶员成为控制主体。

上述分级表明：①明确了 L0~L2 级不算自动驾驶，只是驾驶辅助功能；②对 L3 级和 L4 级进行了明确的划分，即 L3 级只是有限的自动驾驶，在车辆提出需求时，驾驶员视情况给出适当应答；③ L4 则迈入自动驾驶领域（有限条件），车辆不需要人为进行接管，只是当危险出现时，车辆会对驾驶员发出警告，并自行做出判断。详细地讲，就是 L3 级代表着车辆正式迈入自动驾驶领域，可在大多数情况下实现自主控制，如高速巡航时自动变道超车、车库的全自动泊车、车辆自主驶出车位寻找驾驶员等。只有在交通拥堵等路况下，当车辆提出需求时，驾驶员才会去接管车辆。

3. 无人船

（1）定义。

广义的无人船是指一种可执行某类指定任务并基于任务目的进行功能、性能设计的水面机器人；狭义的无人船是指具有一定机动能力的水面自主、半自主、遥控搭载体。

中国船级社（CCS）将无人船定义为利用传感器、通信、物联网、互联网等技术手段，自动感知和获得船舶自身、海洋环境、物流、港口等方面的信息和数据，并基于计算机技术、自动控制技术、大数据处理和分析技术，在船舶航行、管理、维护保养、货物运输等方面实现智能化运行的船舶。

国际海事组织（IMO）将无人船、智能船、智慧船、自动船等不同称谓统一，统称为海上水面自主航行船舶（Maritime Autonomous Surface Ships，MASS），并将其定义为能在不同程度上独立于与人类的交互作用而独立运行的船舶。

（2）分类。

根据是否在水上划分为无人水面艇（Unmanned Surface Vessel，USV）和无人水下航行器（Unmanned Underwater Vehicle，UUV）；根据智能程度分为遥控型与自控型两种类型。其中，遥控型无人船是由岸基人员通过无线电和卫星通信技术，利用电脑实现对船舶的遥控；自控型无人船是在船舶航行之前，通过电脑上预先编写的程序控制船舶，在船舶起航后，无须人工干预。

（3）分级。

2018 年国际海事组织海上安全委员会（MSC）第 99 届会议，根据智能程度公布了 MASS 的四个层级。

①第一级：船舶拥有自动决策支持功能，海员可以利用船舶的功能和系统，有时操作可以是自动化的，有时也可以是无人监督的，但海员在船可随时接管。

②第二级：海员在船可以操作和控制船舶的系统和功能，而实现远程遥控是从其他地点控制和运营船舶。

③第三级：实现远程遥控但海员不在船，从其他地点控制和运营船舶。

④第四级：完全自主船舶，船舶操作系统可自行决策并采取行动。

（4）应用范围。

无人船主要有三个应用方向：军用、科考和海运。军用方面，无人船的能力可以从扫雷、侦察、威慑、抵制威胁和攻击等方面成为海军的主要力量倍增器。科考方面，无人船可以搭载相应的探测设备实现协同探测，减小测绘人员的工作强度，降低测绘人员的危险。海运方面，无人船具有降低人工成本、节能降耗、减少事故的优点。随着无人船智能程度的提升，其将被广泛应用于海运、扫雷、反潜、巡逻、科考、测绘、事故监测及救援、石油开采等领域。

（二）船舶

1. 船舶类型

截至 2021 年底，全国拥有水上运输船舶 12.59 万艘，其中净载质量 28432.63 万 t，载客量 85.78 万客位，集装箱箱位 288.43 万标准箱。

（1）货船。

货船是专门从事海上货物运输的船舶的统称，一般不载客。其包括杂货船、散货船、液货船、冷藏船、集装箱船、滚装船、载驳船等。货船种类如图 7-2 所示。目前，水路集装箱运输市场已形成以全集装箱船（Full Container Ship）为主，载驳船（Barge Carrier）、半集装箱船（Semi-container Ship）[如集装箱 - 杂货两用船（Conventional Container Ship）] 等为辅的格局。驳船常指靠拖船或顶推船带动且为单甲板的平底货船，其上层建筑简单，一般无卸货设备。有的驳船自己有动力装置，则被称为自航驳。驳船主要用于沿海、内河或港内驳运货物。

（2）客船。

根据《国际海上人命安全公约》的规定，凡载客超过 12 人的船舶均应视为客船，

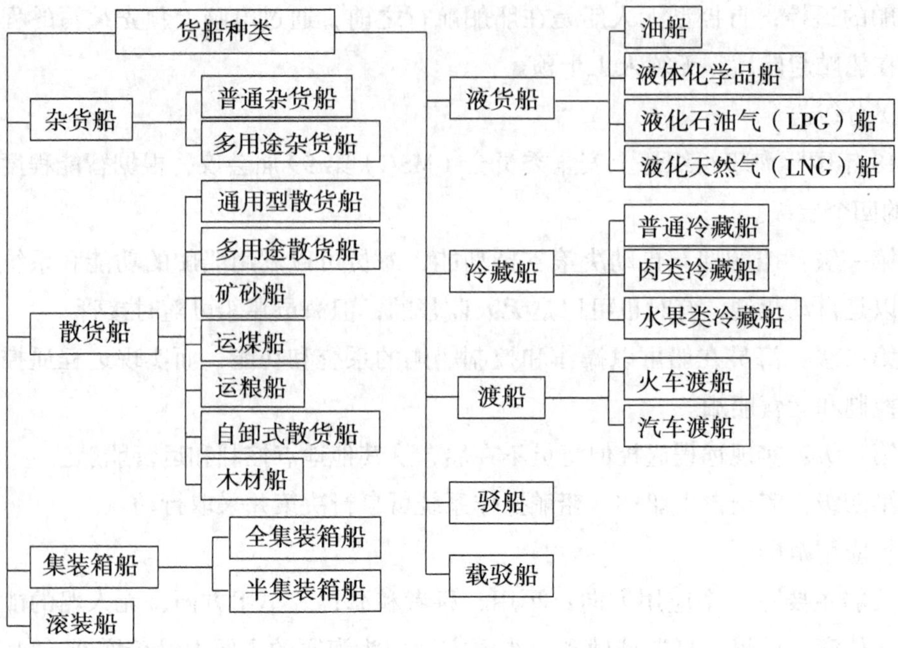

图 7–2　货船种类

客船多以定期方式经营，兼营邮件、行李或贵重物品的运输。客船有远洋游轮、沿海客轮和内河客轮等。客船的建造应具有以下特点：安全性、快速性、耐波性、可操纵性。

2. 船舶设备与船舶动力装置

（1）船舶设备。

船舶设备主要包括舵设备、锚设备、系泊设备、起货设备、救生设备。

（2）船舶动力装置。

船舶动力装置主要包括推进装置、辅助动力装置、船舶管系、甲板机械以及自动化设备。

3. 船舶性能

船舶对性能的要求是多方面的，主要包括航行性能、重量性能、容积性能、装卸性能。

（1）航行性能。

船舶航行性能主要包括浮性、稳性、抗沉性、快速性、适航性和操纵性。

浮性是指船舶在各种装载情况下，保持一定浮态的性能。为保证安全，目前每艘船必须在舷侧船中勘绘船舶载重线标志。

稳性是指船舶在外力的作用下偏离原平衡位置，当外力消除后船舶回到原平衡位置的能力。国际海事组织和船舶检验机构都对各类船舶规定了稳性标准。

抗沉性是指当船舶破舱淹水后保持浮性和稳性不致沉没和倾覆的能力。根据船舶的用途不同，对各类船舶的抗沉性要求做了不同的规定，一般货船通常达到一舱制的要求，大型海上客轮应达到两舱制或三舱制的要求。

快速性是指船舶动力装置以较小的功率消耗而得到较高航速的性能。常见的航速指标有试航速度、技术速度、营运速度、满载速度、压载速度、最佳航速等。

适航性，也称耐波性，是指船舶在波浪上具有缓和的摇摆性能。为了提高船舶的适航性，除了在船舶设计时安装各种减摇装置外，在营运中，在满足稳性的情况下还应尽量使用较小的初稳性高度。

操纵性是指船舶保持航向和改变航向的能力。船舶主尺度的大小、船体线型的肥瘦对船舶的操纵性有一定的影响。船舶的操纵性是由舵设备来保证的。

（2）重量性能。

船舶重量性能主要包括船舶的排水量和载质量，计量单位以 t 表示。

排水量是指船舶自由浮于静水面时排开水的重量。它等于当时的船舶重量。排水量可分为空船排水量、满载排水量和装载排水量。

空船排水量，即空船时的排水量，等于空船的重量。它是指船舶装备齐全但无载重时的排水量。空船排水量为一个定值，可在船舶资料中查得。满载排水量是指船舶满载吃水达到某载重线时的排水量。它通常特指船舶满载吃水达到夏季载重线时的排水量，也称夏季满载排水量。夏季满载排水量为一个定值，是表征船舶重量性能的一个指标，可以在船舶资料中查得。装载排水量是指除空船及满载排水量以外，任何装载水线时的排水量。

载质量是船舶允许装载的重量。载质量分为总载质量和净载质量。

总载质量是指船舶在任一吃水情况下所能装载货物、燃润料、淡水、供应品等的总重量，其值等于吃水时船舶排水量与空船排水量之差。总载质量是随排水量的变化而变化的，但作为船舶载重能力指标录入船舶资料中的是船舶满载吃水达到夏季载重线时的总载质量，其值为一个定值，等于夏季满载排水量与空船排水量之差。总载质量可作为计算新船造价、旧船售价和租船租金的依据。

净载质量也称载货量或定额载质量，是指船舶具体航次所能装载货物的最大重量，等于总载质量减去航次总储备量（包括航次所需要的燃润料、淡水、供应品等重量）及船舶常数。式中，船舶常数是指船舶经过一段时间营运后的空船重量与该船建造出厂时的空船重量的差值，它等于船舶经过一段时间营运后测定的实际空船排水量减去该船建造出厂时的空船排水量。船舶常数的数值不是固定不变的，每艘船经过一段时间营运后，因修理、积水与杂货等原因，空船重量有所增加，因而，应经常注意减小的船舶常数的数值，这是挖掘船舶运输潜力的途径之一。船舶资料中的净载质量，特指船舶在夏季满载排水量时，燃料舱注满、淡水舱注满、供应品备足情况下的最大载货量，表征了船舶载货能力的大小。

（3）容积性能。

船舶容积性能主要包括货舱容积、舱容系数和船舶吨位。

货舱容积，简称舱容，是指船舶货舱实际容纳货物的空间，计量单位为 m^3 或 ft^3。货舱容积根据装运货物方法不同分为散装容积和包装容积两种。

散装容积是指货舱内能够装载散货的容积。它包括船舶两舷壳板内缘、舱底板、舱盖板和横舱壁所包围的容积，但需扣除肋骨、支柱及横梁所占的容积。包装容积是指货舱内能够装载包装件货的容积。它包括肋骨护板内缘、横梁下缘到舱底板所包围的容积。包装容积比散装容积小，一般为散装容积的 90%~95%。

舱容系数是指船舶货舱容积与船舶净载质量的比值，即平均每净载重吨占有的货舱容积。利用舱容系数可以判定船舶装载重货或轻货的适宜程度。一般船舶资料中的舱容系数是指在最大续航能力（船舶装足燃润料、淡水、供应品等，不需靠港补给的最大航行距离）情况下的数值。由于船舶的净载质量是随航程的不同而变化的，因此，舱容系数也是变化的。一般杂货船的舱容系数均在 $1.5m^3/t$ 以上，且有明显增大的趋势。

船舶吨位，简称船吨，通常表示某一船舶内部容积或载质量大小的数值，也可以作为统计船舶保有量的综合数。船舶吨位通常分为重量吨位和容积吨位两种。

重量吨位是表示船舶重量的一种计量单位，以 1000kg 为 1t 来计算，它包括前面所介绍的排水量和载质量。

容积吨位是船舶登记用的一种丈量单位，按 $2.83m^3$ 容积为 1t 计算。它有总吨位和净吨位之分。其中，总吨位（GT）是根据船舶吨位丈量规范的有关规定丈量确定的船舶总容积；净吨位（NT）是根据船舶吨位丈量规范的有关规定，从总吨位中减除不适于载运旅客、货物处所而得到的船舶有效容积。总吨位主要表征一国商船规模，总吨位或净吨位可以用作港口使费计算的依据。

（4）装卸性能。

船舶装卸性能主要通过货舱数、舱口数、舱口尺度、货舱的结构形状、货舱位置，以及起货设备的形式、数量、技术性能（主要包括起货设备的起重量、工作幅度、起升高度、起升速度、旋转速度、变幅速度）等来衡量。

（三）铁路机车与车辆

1. 铁路机车

铁路机车是铁路运输系统的基本动力。由于铁路车辆大都不具备动力装置，铁路列车的运行和铁路车辆在车站内有目的的移动均需铁路机车牵引或推送。从原动力来看，铁路机车分为蒸汽机车、内燃机车以及电力机车。按铁路机车的工作种别，铁路机车可分为客运机车、货运机车和调车机车。

截至 2021 年底，全国铁路机车拥有量为 2.17 万台，其中，内燃机车 0.78 万台，电力机车 1.39 万台。国家铁路机车拥有量为 2.09 万台，其中，内燃机车 0.74 万台，电力机车 1.35 万台。

2. 铁路车辆

铁路车辆是铁路运输系统运送货物和旅客的运载工具。按用途分类，铁路车辆可分为客车和货车两大类。按制作材料分类，铁路车辆有钢骨车和全钢车两类。按轴数分类，铁路车辆有四轴车、六轴车和多轴车等。

截至 2021 年底，全国铁路客车拥有量为 7.8 万辆，其中，动车组 4153 标准组 33221 辆。全国铁路货车拥有量为 96.6 万辆。国家铁路客车拥有量为 7.6 万辆，其中，动车组 4012 标准组 32097 辆。国家铁路货车拥有量为 89.2 万辆。

货车的分类很多，比如，按车种可分为棚车、敞车、平车、罐车、保温车以及其他专用车等，其中棚车、敞车、平车属于比较通用的车种，而罐车、保温车是具有专用性的车种；按标记载重吨位可分为 30t、40t、50t、60t、75t、90t 等，现以制造 60t、75t 车为主。

为了表示铁路车辆的类型和特征，满足使用、检修和统计上的需要，必须给每一类铁路车辆规定相应的标志。铁路车辆标志主要有路徽、车号、定期修理标记、配属标记、自重、载重、容积、车辆长度、特殊标志。

（1）路徽。

原铁道部所属铁路车辆均涂有人民铁道路徽，在货车上还设有产权牌。

（2）车号。

车号包括型号和号码。型号分为基本型号和辅助型号两种。

基本型号代表车种，用该车种名称汉语拼音中关键的大写字母表示。其中，客车用两个或三个字母，货车用一个字母。比如，YZ 表示硬座车。部分货车基本型号如表 7–1 所示。

辅助型号代表车型，由重量系列（或顺序系列）和材质（或结构）构成，用字母或者数字和字母混合表示。其中重量系列（或顺序系列）用一位或两位数字或大写字母表示，材质（或结构）用一位或两位大写字母表示。C_{62A} 中“62”表示重量系列，A 表示结构。

号码代表车号，客车采用五位数字代码，货车采用七位数字代码。不同的车种、车型规定了不同的码域，同种铁路车辆的车号必须集中在划定的码域内，以便从车号的数字代码上反映车种、车型。比如，棚车的车号范围为3000000~3499999，软座车的车号范围为10000~19999。

表 7–1　　部分货车基本型号

车种	基本型号	车种	基本型号	车种	基本型号
冷藏车	B	矿石车	K	棚车	P
敞车	C	粮食车	L	守车	S
长大货物车	D	平车	N	运输汽车专用车	SQ
罐车	G	平车 – 集装箱共用车	NX	特种车	T
家畜车	J	集装箱专用平车	X	水泥车	U

（3）定期修理标记。

定期修理标记主要包括段修标记、厂修标记、辅修（制动检查）标记和轴检（轴箱检查）标记，该标记应记载本次修理日期与地点以及下次修理日期。比如，某铁路车辆定期修理标记如表 7–2 所示。

表 7–2　　某铁路车辆定期修理标记

标记名称	下次修理日期	本次修理日期与地点
段修标记	88–10	87–10 京丰
厂修标记	93–10	88–10 齐工
辅修标记	11–5	5–5 丰
轴检标记	6–8	3–8 石

上述表明该车辆已于 1987 年 10 月在北京丰台车辆段进行段修，1988 年 10 月应进行下一次段修，其他含义与其类似。

（4）配属标记。

配属标记是指在固定配属的铁路车辆所涂的所属铁路局和车辆段的简称。比如，“沈局连段”代表沈阳铁路局大连车辆段的配属车辆。

（5）自重。

自重是指铁路车辆本身的质量，以 t 为计量单位。

（6）载重。

载重是指铁路车辆允许的最大装载质量，以 t 为计量单位。

（7）容积。

容积是指除平车以外的货车、行李车和邮政车等可供装载货物的容量，以 m^3 为计量单位，并在括号内注明“内长 × 内宽 × 内高”的尺寸。

（8）铁路车辆长度。

铁路车辆长度可表示为铁路车辆的全长或换长。铁路车辆全长是车辆两端钩舌内侧间的距离，以 m 为计量单位。铁路车辆换长是铁路车辆全长除以 11 所得的商，即：

$$\text{铁路车辆换长}=\frac{\text{铁路车辆全长}}{11}$$

铁路车辆长度习惯上以铁路车辆换长表示。

（9）特殊标志。

根据客车和货车构造及设备的特征，应在铁路车辆上涂打特殊标志。比如，用于国际联运的铁路车辆应涂打“MC”字样。

3. 铁路车辆技术参数

铁路车辆技术参数是表明铁路车辆在结构上和运用上的某些特征的指标，通常包括以下四项。

（1）自重系数是铁路车辆自重与标记载重之比，自重系数越小，说明铁路机车运送每吨货物所做的功越小，因此比较经济。

（2）轴载荷，也称轴重，是铁路车辆总重与轴数之比，即铁路车辆每一轮施加于轨道的重力。

（3）单位容积，简称比容，是铁路车辆容积与标记载重之比。这是说明铁路车辆载重和容积能否充分利用的指标。

（4）每延米重是铁路车辆总重与铁路车辆全长之比。

4. 构造速度

构造速度是指铁路车辆结构强度允许的最大速度。目前我国货车构造速度主要有 80km/h、90km/h、100km/h 三种，其中行包快运班列、中欧班列、循环运输班列等快捷运输的构造速度可达 120km/h。

上述技术参数之间的主要关系如下式：

$$\text{货车载重}=\frac{\text{货车长度}\times\text{每延米重}}{1+\text{自重系数}}$$

以我国几种敞车为例，它们主要的技术参数如表 7–3 所示。

表 7–3　　我国几种敞车的主要技术参数

车种	自重（t）	标记载重（t）	总重（t）	自重系数	容积（m^3）	比容（m^3/t）	轴重（t）	每延米重（t/m）
C_{50}	17.4	50	67.4	0.348	56.7	1.134	16.850	4.8
C_{62A}	22.0	60	82.0	0.366	72.0	1.200	20.500	6.1
C_{75}	23.3	75	98.3	0.310	78.0	1.040	24.575	6.8

5. 铁路列车

铁路列车是通过若干不具有动力装置的客车或货车编组而成的，是由铁路机车牵引运行来实现的。在铁路运输中，按照规定而编挂在一起的若干铁路车辆，称为车列，车列挂上铁路机车，并配备乘务人员和列车标志，则为铁路列车。

根据铁路机车牵引力、牵引区段内线路情况和设备条件确定列车平均总重和列车平均净重。按照我国铁路对旅客列车编组数的要求：特直快列车为 15~20 辆，普通旅客列车为 15 辆。

铁路列车按运输性质和用途的不同主要分为旅客列车、货物列车、高速列车、磁悬浮列车。几种列车的详述如下。

（1）旅客列车。

旅客列车是铁路上运送旅客、行李、邮件的铁路列车，一般由座车、行李车、邮政车等连挂编成，运程较长的还配挂餐车和卧车。旅客列车分为六级，即高速、准高速、快速、特快、快车、慢车，此外还有市郊列车、混合列车和旅游列车等。

（2）货物列车。

在装车站直接组织的列车有始发直达列车、阶梯直达列车和整列短途列车。

①始发直达列车是指在装车站编组，通过一个及以上编组站不进行改编作业的列车。显然，它是在一个车站装车后组成的直达列车。

②阶梯直达列车是指有计划地由几个相邻装车站共同编组，通过一个或一个以上编组站不进行改编作业的列车。

③整列短途列车是指在一个或几个相邻装车站编组，不经过编组站，运行距离较短的列车。

在技术站（即区段站和编组站）编组的列车有技术直达列车、直通列车、区段列车、零摘列车、摘挂列车和小运转列车。

①技术直达列车是指在技术站编组，通过一个或一个以上编组站不进行改编作业的列车。

②直通列车是指在技术站编组，通过一个或一个以上区段站不进行改编作业的列车。

③区段列车是指在技术站编组，到达前方第一个技术站解体，在区段站内不进行车辆摘挂作业的列车。

④零摘列车是指在技术站编组，在区段内各中间站进行货物装卸和车辆摘挂作业的列车。

⑤摘挂列车是指在技术站编组，在区段内各中间站进行车辆摘挂作业的列车。

⑥小运转列车分成两种。在枢纽内各站间开行的列车称为枢纽小运转列车，在技术站和邻接区段内个别中间站之间开行的列车称为区段小运转列车。

以上介绍的几种货物列车种类示意如图 7–3 所示。

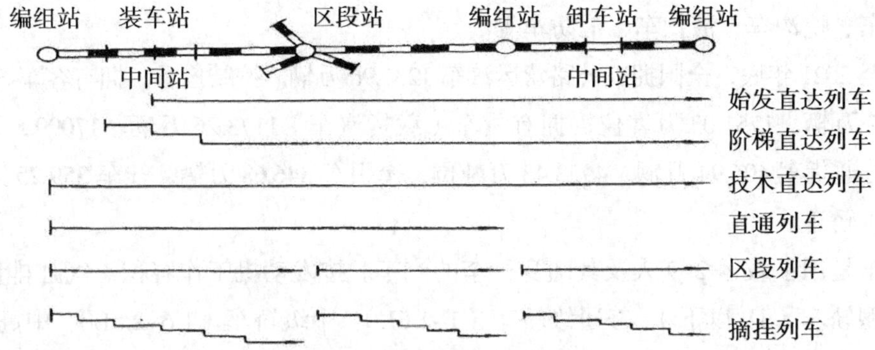

图 7–3　货物列车种类示意

（3）高速列车。

高速列车是旅客运输的载体，对它的要求是起动快、速度高、运行平稳、安全。为满足上述基本要求，必须采用相应的高新技术。这些高新技术包括外形流线型技术、高速转向架技术、高速受流技术、高速列车车体结构设计及其轻量化技术等。

动车组是当今世界高新技术的集成，是高速列车的标志性装备。动车组采用流线型设计，首尾两端都设有驾驶室，无须调挂车头即可双向驾驶。我国通过引进、消化、吸收及国产化，已形成以“和谐号”为代表的动车组 CRH 系列产品。CRH（China Railway High–speed）为“中国高速铁路”。世界上一般将高速铁路定义在时速 200km 以上，中国高速铁路的时速在 200km 以上。为满足不同需求，我国高速铁路动车组分为两个速度等级，其中 200~250km/h 速度等级的有 CRH1、CRH2、CRH5 型，300~350km/h 速度等级的有 CRH2–300、CRH3、CRH380 系列等。

（4）磁悬浮列车。

磁悬浮列车是一种与传统机车车辆不同的新型交通工具，它的牵引力是通过轮轨接触的黏着力，即摩擦力实现的。磁悬浮列车是用电磁吸力或电磁斥力来克服车辆重力和通过曲线时的导向力，没有机械接触，驱动力是由线性电动机产生的。

（四）汽车

道路运输工具包括机动车和非机动车两大类。机动车包括电瓶车、摩托车、拖拉车、轮式专用机械车等。非机动车包括自行车、三轮车、人力车、畜力车、残疾人专用车等。在道路运输中，汽车占绝对主导地位。

1. 汽车

汽车按用途、动力装置、道路特征和行驶机构特征等不同角度进行分类。按用途可分为运输汽车和特种用途汽车两大类。运输汽车是指专门用于运输的汽车，包括轿车、客车、货车三大类；特种用途汽车是指用于执行运输以外的特殊任务的汽车，包括起重车、挖沟车、清扫车、消防车等。

截至 2021 年底，全国拥有公路营运汽车 1231.96 万辆。按结构看，拥有客车（载客汽车）58.7 万辆、1751.03 万客位；拥有货车（载货汽车）1173.26 万辆、17099.5 万吨位。其中，普通货车 406.94 万辆、4923.43 万吨位，牵引车 346.68 万辆，挂车 359.25 万辆。

（1）轿车。

轿车是用于载运 2~9 人及其随身行李的汽车。按发动机工作容积（气缸排量），可分为微型轿车（1L 以下）、普通级轿车（1~1.6L）、中级轿车（1.6~2.5L）、中高级轿车（2.5~4L）以及高级轿车（4L 以上）。

（2）客车。

客车是乘坐 9 人以上的汽车。按乘坐舒适程度，分为普通级、中级和高级三种客车；按车内设置座位的多少分为小型、中型和大型三种客车，详述如下。

①小型客车。座位总数为 15 座及以下的客车，俗称“面包车”“小巴”。

②中型客车。座位总数为 16~30 座的客车，俗称“中巴”。

③大型客车。座位总数为 31 座及以上的客车，俗称“大巴”。

按长度分为微型客车（3.5m 以下）、轻型客车（3.5~7m）、中型客车（7~10m）、大型客车（10m 以上）和特大型客车（如铰接客车和双层客车）。

（3）货车。

①普通货车。普通货车具有标准的栏板式货箱，按总质量可分为微型货车（1.8t 以下）、轻型货车（1.8~6t）、中型货车（6~14t）和重型货车（14t 以上）。

②特种货车。特种货车一般是普通货车的变型，具有特殊的货厢。典型的特种货车有厢式货车和罐式货车。此外，还有敞车、自卸车等。

③载货列车。由一辆牵引车与一辆或一辆以上挂车组合而成的汽车运输单元称为载货列车。

牵引车按其车轴的数量分，有三轴至五轴的，有单轴驱动至三轴驱动的不等；按其驾驶室的形式可分为平头式和长头式两种。由于各国对公路、桥梁和涵洞的尺寸有严格的规定，车身短的平头式牵引车应用日益增加。

半挂车按适用的范围，可分为平板式和骨架式两种。按结构形式，半挂车又可分为直架式和鹅颈式两种。直架式半挂车适于装运平底结构的集装箱；鹅颈式半挂车专门装运凹槽型底部结构的集装箱，可降低装载高度。

牵引车拖带挂车的方式如图 7–4 所示，牵引车拖带挂车主要采用半拖挂、全拖挂和双联拖挂三种方式。其中，双联拖挂方式是半拖挂方式牵引车后面再加上一个全挂车。这实际上是牵引车拖带两节底盘车。这种方式在高速行进中，后面一节底盘车会摆动前进，后退时操作性能不好，故目前应用不广。

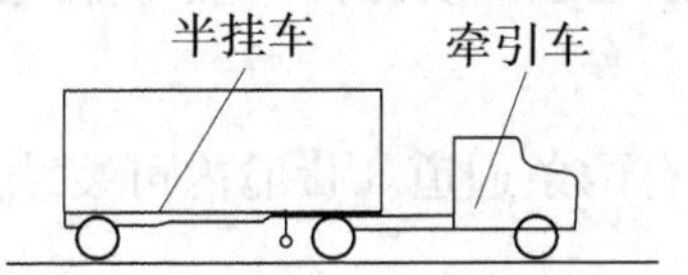

（a）半拖挂方式

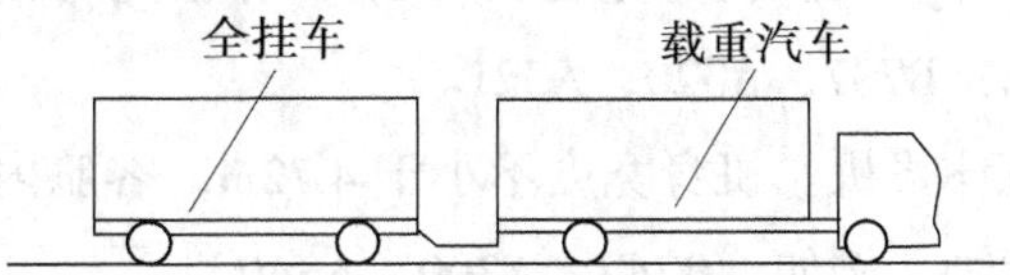

（b）全拖挂方式

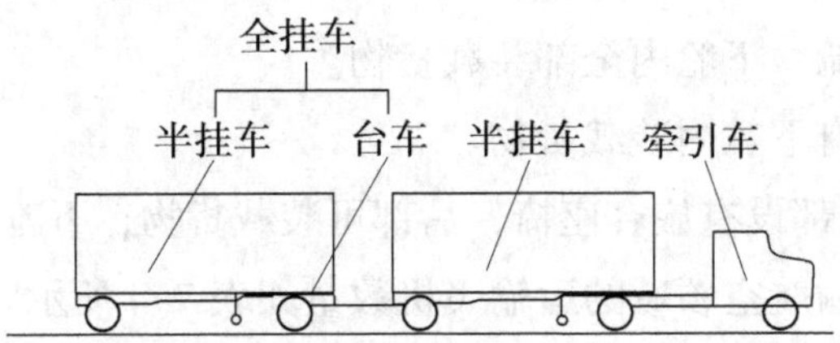

（c）双联拖挂方式

图 7–4 牵引车拖带挂车的方式

2. 汽车的技术经济性能

汽车的技术经济性能主要包括动力性、经济性、机动性、安全性和舒适性五个方面。此外，它还包括载质量、外形尺寸的大小、利用程度，以及运行储备性能等。

（1）动力性。

动力性通常用汽车最高车速、汽车加速时间和汽车最大爬坡度三个参数来评价。

（2）经济性。

我国使用每 100km 耗油量（L/100km），美国使用每加仑油行驶的英里数（MPG）。

（3）机动性。

汽车的纵向通过半径、横向通过半径、最小离地间隙、转弯半径等。

（4）安全性。

主动安全性包括汽车的制动性和操纵稳定性；被动安全性主要包括撞车安全性、防火安全性和防盗安全性；环境安全性则涉及废气排放和噪声控制。

（5）舒适性。

汽车在一般使用速度范围内行驶时，要保证乘客避免因车身振动而引起不舒适和疲乏的感觉，以及保证所运货物的完好无损。

（五）飞机

1. 飞机分类

飞机主要由机身、机翼、尾翼、起落装置、动力装置和仪表设备等部分组成。飞机的分类方式列举如下。

（1）按机身宽度划分。

①窄体飞机。机身宽度约为 3m，客舱内有一条通道。货舱内一般只能装载散装货物。例如：B737，A320，A321。

②宽体飞机。机身宽度不小于 4.72m，客舱内有两条通道。货舱内可装载集装货物和散装货物。例如：B747，A300，A340。

（2）按用途划分。

①货机（货运飞机）。主舱、下舱内全部装载货物。

②客机（客运飞机）。只有下舱内装载货物。

③客货混用机。在主舱前部设有旅客座椅，后部可装载货物，下舱内可装载货物。

截至 2021 年底，我国运输航空领域的运输飞机数量如表 7–4 所示。

表 7–4　　2021 年我国运输飞机数量

飞机分类	飞机数量（架）
客运飞机	3856
宽体飞机	465
窄体飞机	3178
支线飞机	213
货运飞机	198
大型货机	43
中小型货机	155
合计	4054

由于各飞机制造公司大多采用相同的基本尺寸，所以成组器在各种机型中的互换性较好。这种互换性使航空公司可以减少成组器的备用量，节约投资，也在转机运输时，使货物不必倒载，缩短了转机时间。

2. 飞机的主要性能

飞机的主要性能包括在飞行阶段（如滑行、爬升、巡航、下降、进近和着陆）的起降性能、爬升性能、飞行速度、飞行高度、续航性能、业务载重性能。

（1）起降性能。

飞机的起降性能包括飞机的起飞离地速度和起飞滑跑距离、飞机的着陆接地速度和着陆滑跑距离。

离陆距离也称起飞距离，由起飞滑跑距离和起飞爬升距离组成。飞机从松开刹车沿跑道向前滑跑至机轮离开地面所经过的距离称为起飞滑跑距离。从机轮离开地面到升高至规定的安全高度，飞机沿地平线所经过的距离称为起飞爬升距离。飞机发动机的推力越大，最小平飞速度越小，其离陆距离也就越短。

着陆过程的速度分为着陆进场速度和着陆接地速度。着陆进场速度是指飞机下滑至安全高度进入着陆区时的速度，着陆接地速度也简称为着陆速度。着陆距离可分为着陆下滑距离和着陆滑跑距离。着陆滑跑距离取决于飞机的着陆接地速度和落地后的减速性能。

（2）爬升性能。

飞机的爬升性能是指飞机的最大爬升速率和升限。

飞机的爬升受到高度的限制，因为高度越高，发动机的推力越小。当飞机达到某一高度，发动机的推力只能克服平飞阻力时，飞机则不能再继续爬升，这一高度称为飞机的理论升限。通常使用的是实用升限，所谓实用升限是指飞机还能以 5m/s 的垂直速度爬升时的高度。

（3）飞行速度。

飞行速度的指标有两个，一个是平飞速度，另一个是经济巡航速度。最大平飞速度是对飞行速度的限制，经济巡航速度一般是最大平飞速度的 70%~80%。

①平飞速度。当飞机水平直线飞行，平飞阻力与发动机的最大可用推力相等时，飞机能达到的最大飞行速度称为飞机的最大平飞速度。通常在 11km 左右的高度上，飞机能获得最大平飞速度。最小平飞速度是指飞机在一定的飞行高度上能够保持平飞的最小速度。

②经济巡航速度。当飞机保持适合的飞行高度，水平匀速稳定飞行时，这时的飞行速度是最经济的速度，即发动机每公里消耗燃油最少的飞行速度。此时的飞行速度称为经济巡航速度，或简称为巡航速度，对应的飞行高度为巡航高度。

（4）飞行高度。

飞行高度主要有巡航高度、单发停车高度两个指标。巡航高度使飞机的高度选择增加，有利于选择航线及避开不利的气象因素；单发停车高度是飞机在一台发动机停车时可以维持的最高巡航高度，它表示了飞机对高原航线的适应能力。

（5）续航性能。

飞机的续航性能主要有航程和续航时间（航时）两个指标。航程是指飞机起飞后，爬升到平飞高度，再由平飞高度下降落地，且中途不加燃油，所能达到的最远水平飞行距离。飞机的航程取决于飞机的载油量和单位飞行距离耗油量。飞机在载油量最大和单位飞行距离耗油量最小时飞行，所获得的航程就是飞机的最大航程。

（6）业务载重性能。

①最大起飞重量（Maximum Take Off Weight，MTOW）是飞机在跑道端起飞时飞机结构能允许的最大重量。

②最大着陆重量（Maximum Landing Weight，MLW）是飞机在着陆时允许的最大重量。它要考虑着陆时的冲击对飞机结构的影响，大型飞机的最大着陆重量小于最大起飞重量，中小型飞机两者差别不大。

③最大无燃油重量（Maximum Zero Fuel Weight，MZFW）是飞机没有燃油时的最大重量。运输飞机的机翼中存储燃油，燃油的重量在飞行时会抵消升力对机翼结构的作用力，如果没有燃油，机翼结构在空中的受力反而增大，因而最大无燃油重量对飞机载重有一定的限制作用。

④使用空机重量（Operational Empty Weight，OEW）是飞机上除了燃油和业载外的全部重量，包括全部航空服务所需的物品的重量。

⑤业载也称业务载荷、商载，是指飞机用来赚取利润的商业载荷，它包括旅客、行李、货物三个部分。最大业载应等于最大无燃油重量与使用空机重量的差，即最大业载 =MZFW-OEW。

⑥燃油重量。由于油箱容积是固定的，因而燃油重量 = 油箱容积 × 燃油密度。

在以上的各种重量中，最大起飞重量和最大着陆重量受飞机结构的限制，是各种重量的基础。

最大业载受两方面的限制，一方面，最大业载受最大无燃油重量的限制；另一方面，最大业载受货舱容积的限制。对于货机而言，最大业载是货舱容积和货物密度的乘积；对于客机而言，最大业载等于全部旅客重量加上货舱容积限制的货物重量。

最大燃油重量也受两方面的限制，一方面受油箱容积的限制；另一方面受 MZFW 的限制。最大燃油重量 =MTOW-MZFW，但应注意，这时的最大燃油重量是飞机处于最大业载时的燃油量。

第二节 交通运输设备运用指标及其计算

一、运输产量指标

运输产量指标是用以说明运输工具或场站营运活动的运输任务或成绩的指标。它包括运输量指标和运输工作量指标。

（一）运输量指标

1. 货运量

货运量是指运输企业在一定时期内其运输工具实际运送货物的吨数，其计量单位为 t。

在铁路运输中，对中国国家铁路集团有限公司（简称国铁集团）而言，货运量就是货物发送吨数，而对各铁路局集团公司而言，由于管界问题，存在着管内运输、输出运输、输入运输、通过运输，因而，各铁路局集团公司的货运量不应以货物发送吨数为依据，应采用货物运送吨数作为货运量。货运量与货物发送吨数、货物到达吨数、货物接入吨数、货物交出吨数等指标的关系如下：

货物发送吨数 = 管内运输吨数 + 输出运输吨数

货物到达吨数 = 管内运输吨数 + 输入运输吨数

货物接入吨数 = 输入运输吨数 + 通过运输吨数

货物交出吨数 = 输出运输吨数 + 通过运输吨数

货运量 = 货物发送吨数 + 货物接入吨数

= 货物到达吨数 + 货物交出吨数

= 管内运输吨数 + 输出运输吨数 + 输入运输吨数 + 通过运输吨数

由此可见，货物运送吨数（货运量）、货物发送吨数、货物接入吨数、货物到达吨数、货物交出吨数，以及自装自卸吨数（管内运输吨数）、接运到达吨数（输入运输吨数）、发送交出吨数（输出运输吨数）、接运通过吨数（通过运输吨数）这九个指标符合如下关系：

货物运送吨数＝	货物发送吨数 +	货物接入吨数
‖	‖	‖
货物到达吨数＝	自装自卸吨数 +	接运到达吨数
+	+	+
货物交出吨数＝	发送交出吨数 +	接运通过吨数

2. 货物周转量

货物周转量是指统计期内所完成的货运量与相应运输距离的乘积，计量单位为 t · km。在实际考核中，货物周转量分成若干种类，以便于考核。

（1）换算周转量。

为了综合考察一个企业或一个运输工具的工作成果，用以计算效率、成本、劳动生产率、燃料消耗量等指标，需要按一定比例将旅客周转量或货物周转量换算成同一个计量单位，加总求得换算周转量。通常国家统计资料采用客货周转量，将旅客周转量按一定比例换算为货物周转量，再与货物周转量加总。

目前，各种运输方式的换算标准不完全相同。在空运中，国内航线旅客为 72kg/ 人；国际航线旅客为 75kg/ 人（包括旅客随身携带的手提物品）；专用包机旅客为 80kg/ 人；儿童购半票，按 0.5 人计算，其换算标准为 36kg/ 人；婴儿按 0.1 人计算，其换算标准为 8kg/ 人。在水路运输中，铺位运客，每人按 1000kg 计算；座位运客，每 3 人按 1000kg 计算。在公路运输中，每 10 位旅客按 1000kg 计算，即每人按 100kg 计算。在铁路运输中，有两种换算方法，一种是按每位旅客 1000kg 计算，即将旅客周转量与货物周转量直接加总；另一种考虑到二者的劳动消耗不相等而采取按每 1 人 · km 成本与每 1t · km 成本的当量进行换算后汇总，即：

$$\lambda = \frac{\text{单位旅客周转量成本}\left(\text{元}/\text{人}\cdot\text{km}\right)}{\text{单位货物周转量成本}\left(\text{元}/\text{t}\cdot\text{km}\right)}$$

由于运输成本并不能反映运输生产过程中的全部劳动消耗，因此，此种计算方法也是一个近似值。

（2）计费吨公里。

计费吨公里，也称计费周转量，它是以运输单据中的货物实际重量和运价里程表中的计费里程（一般为发、到站间的最短里程）为依据相乘计算的。在铁路运输中，此指标根据货票进行统计并上报、汇总。

（3）运行吨公里。

运行吨公里，也称载重吨公里，根据运输单据（铁路运输中为司机报单，公路运输中为行车路单）上所记载的货物实际重量和实际走行距离计算。在铁路运输中，此指标用以考核、分析铁路机车的燃料支出和铁路车辆的运用情况。

在实践中，有时由于特殊原因，货物并不按照收费标准的最短里程运送，而常常绕道运送，货物实际运送里程不等于计费里程，往往出现运行吨公里大于计费吨公里的现象。为了便于对计费吨公里与运行吨公里进行换算，常采用差数百分比。

$$差数百分比=\frac{运行吨公里-计费吨公里}{计费吨公里}\times 100\%$$

3. 吞吐量

（1）港口货物吞吐量。

港口货物吞吐量是指在报告期内，经由港口装卸的货物数量。对于进出港口的货物而言，只有同时具备以下四个条件才能统计为港口货物吞吐量。

①必须是流通领域的货物。这里的货物包括建港物资、邮件，办理托运手续的行李、包裹以及补给国内外运输船舶的燃料、物料；但不包括船用淡水、生活用品及其他不属于流通领域的货物。

②必须是经由水路运输的货物，凡经由铁路、公路等运进运出港口的货物，都不能算港口货物吞吐量。

③必须是运进运出港区范围的货物。如果没有运进运出港区范围，港区范围内的短途物资，以及为运输船舶装卸货物服务在作业区之间转库的驳运量都不能统计为港口货物吞吐量。

④必须是经过装卸且并非属于同一艘船舶的倒装的货物。由一艘船舶运进港口，未经装卸又运载出港的货物；路过的竹、木排在港进行原排加固、小排并大排或大排改小排等加工整理；从同一艘船舶卸下、又装到同一艘船舶的货物，或者装船后未运出港又卸回本港的货物。以上列举的情况都不能计算为港口货物吞吐量。

港口货物吞吐量可分为进口吞吐量、出口吞吐量、转口吞吐量等。进口吞吐量，即水运到达量，是指报告期内由水路运输运进港口并卸下的货物数量；出口吞吐量，即水运发出量，是指报告期内从港口装船发出的货物数量；转口吞吐量，即水运中转量，是指由水路运输运进港口，经过装卸后，又经水路运输运出港口的货物数量。转口吞吐量应按进口吞吐量和出口吞吐量各统计一次。转口吞吐量包括船—岸—船的转口吞吐量和船—船直接换装的转口吞吐量两种。

（2）航站吞吐量。

航站吞吐量是指由飞机运来的和由飞机运走的旅客之和或货物之和，即在本航站进站、出站的旅客、货物的运量，包括民航飞机、空军飞机、海军飞机等的进站、出站的客运量和货运量。

（二）运输工作量指标

1. 铁路货车工作量

在铁路运输中，运用货车工作的基本内容就是将货车送往货物发送站装车，然后将其编入列车按规定径路运行，送至货物到达站卸车，卸后再送往装车，不断循环。

每完成一次作业循环，铁路就算完成了一个工作量，而该辆货车就算完成了一次周转。这样，铁路货车工作量（简称工作量）实际上就是在一定时期内，运用货车完成的货车周转次数。由于铁路货物运输工作基本上就是把货物装到空车上，使之变为重车，并加以运送，因而，每天新产生多少重车，大体上就反映着铁路每天的工作量。由此可见，就铁路局（分局）来说，则为使用车数与接入重车数（也称接运重车数）之和，也等于卸空车数与移交重车数之和。与相关指标的对应关系式如下：

铁路货车工作量＝使用车数＋接入重车数

‖　　　　‖　　　　‖

卸空车数＝自装自卸车数＋接入自卸车数

＋　　　　＋　　　　＋

移交重车数＝自装交出车数＋接运通过车数

全国铁路（简称全路）的铁路货车工作量不等于各铁路局的铁路货车工作量之和。铁路局的铁路货车工作量也不等于其所属各分局的铁路货车工作量之和。

2. 港口装卸工作量指标

港口装卸工作量指标包括装卸量、装卸自然吨、操作量。

（1）装卸量。

装卸量是指在一定时间内，经由水运或陆运进出港区，并经过装卸的货物数量。装卸量包括船舶装卸量和车辆装卸量。

装卸量的计算原则是：不论经由水运或陆运，货物运进港内卸下时计算一次，出港装船或装车时又计算一次；即 1t 货物通过港区一次，分别按进港和出港各计算 1t 装卸量。货物在进港之后，出港之前，不论在港内转栈或作业区之间搬运或驳运多少次，均不计算装卸量。

（2）装卸自然吨。

装卸自然吨是指进出港区并经过装卸的货物数量，1t 货物从进港到出港（其间包括进港后不再出港，在港内消耗的物资），不论经过几次操作，均只计算一个装卸自然吨，其计量单位为 t。

在计算装卸自然吨时，除进港后不再出港，在港内消耗的物资于进港时统计外，其余一律于装船或装车出港时统计，用以下公式计算：

$$\text{装卸自然吨}=\frac{\text{装卸量}-\text{港内消耗的物资}}{2}+\text{港内消耗的物资}$$

（3）操作量。

操作量是指通过一个完整的操作过程，装卸、搬运的货物数量，计量单位为操作吨。在一个完整的操作过程中，1t货物不论经过几组工人或几部机械的操作，也不论搬运距离的远近、是否有辅助作用、装卸工序的多少以及使用何种装卸工艺，均只计算为一个操作吨。

港口货物吞吐量、装卸量、装卸自然吨、操作量都是港口技术经济指标体系中的产量指标，但它们之间并不存在等量关系，表7–5为它们之间的关系。

表7–5　　港口货物吞吐量、装卸量、装卸自然吨、操作量之间的关系

操作过程	港口货物吞吐量（t）	装卸量（t）	装卸自然吨（t）	操作量（操作吨）
船—船	2	2	1	1
船—驳—库—船	2	2	1	3
船—驳—库—车	1	2	1	3
船—库—库—车	1	2	1	3
船—车—库—车—船	2	2	1	4
车—库—驳—船	1	2	1	3
车—库—车	0	2	1	2
车—港某处	0	1	1	1
船—驳—港某处	1	1	1	2
船—车	1	2	1	1
车—船	1	2	1	1

二、载运工具利用单项指标

衡量载运工具利用的单项指标包括时间利用指标、行程利用指标、速度利用指标、载重能力利用指标及牵引能力利用指标。

（一）时间利用指标

1. 数量指标

目前，各运输方式可采取复合指标，通常载运工具的数量或吨位与时间的乘积作为基本计量单位，建立并构成了若干个表征其时间利用的数量指标（见图7–5至图7–11）。在使用和掌握这些数量指标时，应该注意以下几点。

（1）各种运输方式数量指标的计量单位并不相同。

公路运输：车日、车吨位、车时等；水路运输：吨位天数（也称吨位天）、艘天、

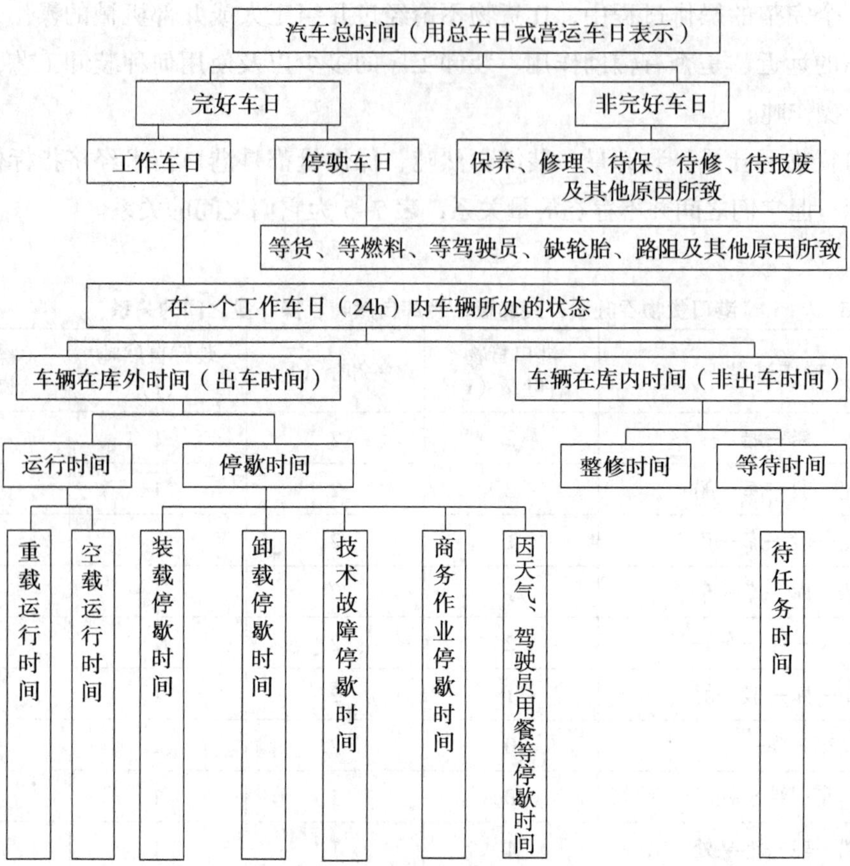

图 7–5 汽车时间利用数量指标构成

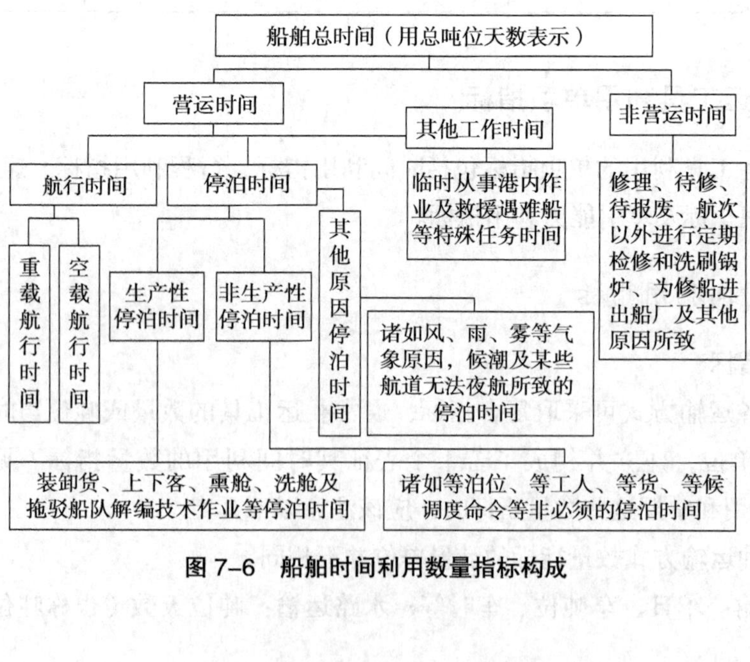

图 7–6 船舶时间利用数量指标构成

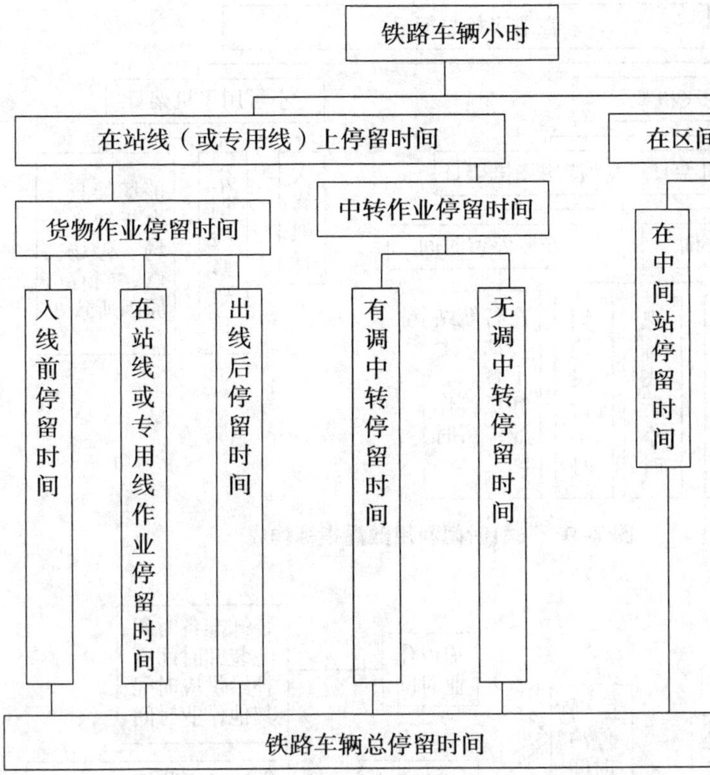

图 7–7 铁路车辆时间利用数量指标构成

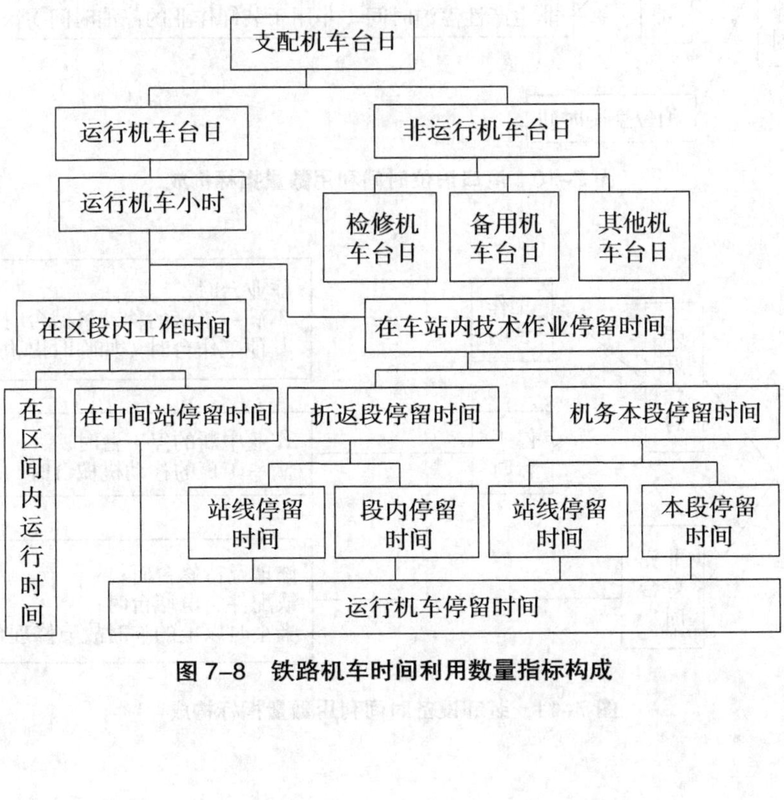

图 7–8 铁路机车时间利用数量指标构成

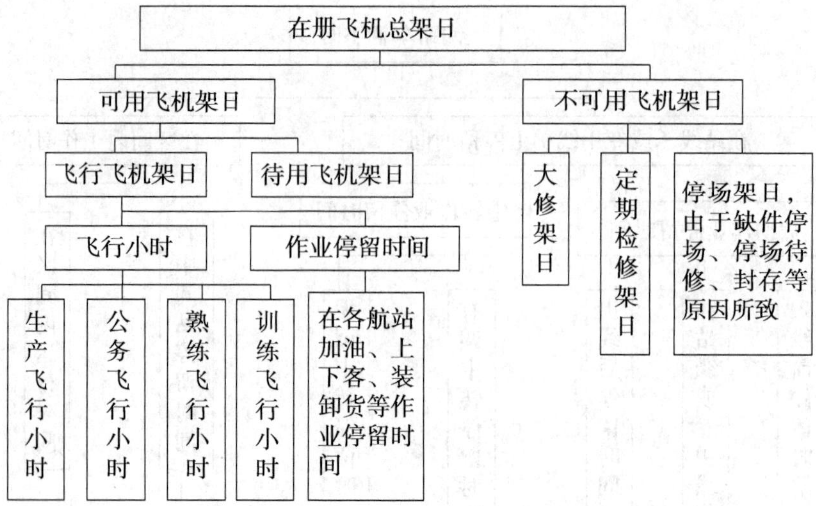

图 7-9　飞机时间利用数量指标构成

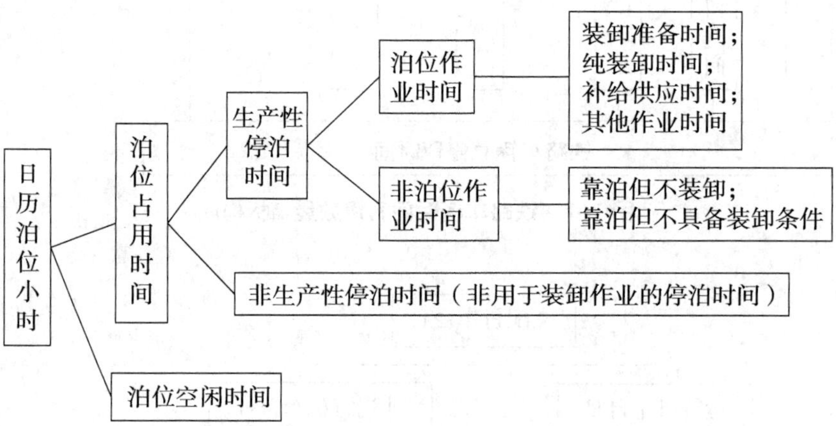

图 7-10　港口泊位时间利用数量指标构成

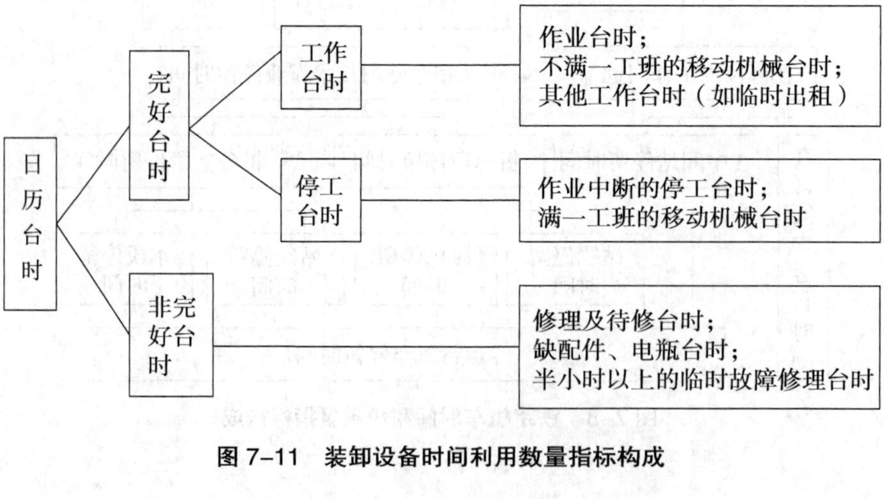

图 7-11　装卸设备时间利用数量指标构成

艘时、台时、吨天等；铁路运输：机车台日、机车小时、车辆小时等；航空运输：飞机架日、飞行小时等。

（2）各种运输方式属于同一含义的指标的称谓略有不同。

①公路运输中的总车日也称为营运车日，与铁路运输中的支配机车台日、水路运输中的船舶总时间、航空运输中的在册飞机总架日相对应。它们都是指运输企业在报告期内在册营业性运输工具的累计时间。新增运输工具自办妥固定资产登记之日起开始计算；报废运输工具自主管机关批准报废之日起不再计算；调入、调出运输工具以双方交接运输工具之日为期，调入方开始计算，调出方不再计算。

②公路运输中的完好车日、非完好车日，分别与铁路运输中的运行机车台日、非运行机车台日，水路运输中的营运时间、非营运时间，航空运输中的可用飞机架日、不可用飞机架日相对应。前者是指运输工具技术状况良好，可用于货物运输的工作时间。它包括航行（运行、飞行）和停泊（停歇、停留、停工）两种状态，而停泊既包括运输生产中在起始站、途经站所发生的停泊，也包括因等货、等燃料、等驾驶员等原因所致的整天停泊。例如，公路运输将完好车日进一步细分为工作车日、停驶车日；航空运输将可用飞机架日细分为飞行飞机架日和待用飞机架日。后者是指运输工具由于技术状况不好，因需要大修或定期检修、等待报废以及其他原因所致（如运输工具被扣押和封存等）而不能从事运输生产的时间。

③对一辆在用的营运汽车而言，只要当日出过车，不管出车时间的长短、是否安排工作班次、任务完成的多少，也不管是否进行过修理、发生过停驶或中途故障，均计为一个工作车日。然而，车辆在一个工作车日（24h）内可能处于不同的状态。为了进一步分析车辆在一个短时间内的时间利用程度，又引入了车时的概念。

④航空运输中的飞行小时是指飞机在空中的飞行时间，不包括在各航站加油等作业停留时间。按飞行的性质，飞行小时除了包括用于运输生产的生产飞行小时外，还包括公务飞行小时、熟练飞行小时和训练飞行小时。公务飞行小时指飞机发动机检修或更换后试飞飞行和调机返航的飞行小时。熟练飞行小时是为巩固现有正、副驾驶员的技术而进行的飞行小时。训练飞行小时是为培养新的飞行人员，同时为现有飞行人员转机型或转天气标准而进行的飞行小时。

2. 质量指标

1）完好率与修理率等指标

完好率是用以表示运输工具、设备可以用于进行运输、装卸工作的最大可能性，它是反映运输工具、设备技术状况、技术管理和保修水平的指标。完好率的反向指标是修理率（也称检修率）。以下介绍各种运输方式对此的规定。

（1）公路运输。

①车辆完好率是指完好车日在总车日中所占的百分比。

②车辆修理率是指非完好车日在总车日中所占的百分比。

（2）水路运输。

①船舶营运率是指营运吨位天数在总吨位天数中所占的百分比。如果是单船，则为营运天数与总天数之比。

②船舶完好率是指完好船舶艘数占全部在册船舶艘数的百分比。其中，完好船舶是指符合原交通部关于船舶技术状况分类办法的规定中的一、二类船舶。

可见，船舶营运率与船舶完好率实际上是同一个概念，只不过是表征方式有所不同罢了。

③装卸机械完好率，也称装卸机械可用率，是指装卸机械的完好台时占日历台时的百分比。这是港口企业使用的效率指标之一。

（3）铁路运输。

①机车检修率，也称机车不良率，是指检修机车台日占支配机车台日的百分比。

②车辆检修率，也称车辆不良率，是指检修车数占全部现有车数的百分比。在实际统计中，应按客车、货车分别计算。

（4）航空运输。

飞机完好率，也称飞机可利用率，是指报告期内可用飞机架日占在册飞机总架日的百分比。

2）工作率等指标

（1）公路运输。

①工作率是指全部营运车辆的工作车日占总车日的百分比。工作率用来表示企业全部营运车辆的实际利用程度，即实际有多少车日用于路线上的工作，故又可称之为工作车率或出车率。工作率同时也可反映企业全部营运车辆的技术状况及企业运输组织的工作水平。与工作率相对应的指标是停驶率。工作率用以反映完好车辆最大可能利用程度，一般情况下，工作率只能小于车辆完好率，只有当停驶车日为零时，工作率等于车辆完好率。

②平均出车时间，也称平均每日出车时间，是指在一定时期内，全部工作车辆平均每个工作车日的出车小时数。它等于工作车时与工作车日之比，用以作为工作率的辅助指标。由于工作率无法反映平均每个工作车日内出车小时数所占的比例，因此，只有当工作率和平均出车时间都高时才表明利用程度好。此外，该指标也可用来反映汽车运输企业的多班运输开展情况，双班率越高，则平均出车时间越长。

③总车时利用率是指统计期内车辆在路线上的工作车时与总车时之比，用以表示

车辆有多少时间用于出车工作，故又称为昼夜时间利用系数。

$$\text{总车时利用率} = \frac{\text{工作车时}}{\text{总车时}} = \frac{\text{工作车时}}{\text{工作车日} \times 24} = \frac{\text{平均出车时间}}{24}$$

④工作车时利用率是指运行车时占工作车时的百分比，用以表示车辆在路线上的工作车时内有多少车时用于运行，故又称为工作时间利用系数或出车时间利用率。

（2）水路运输。

①航行率是指航行吨位天数占营运吨位天数的百分比。如果是单船，则为航行天数与营运天数之比。

②重航率是指在营运时间内，重载航行时间所占的百分比，即重航吨位天数与营运吨位天数之比。如果是单船，则为重航天数与营运天数之比。

③平均航次周转期是指船舶完成一个航次平均需要的天数，即营运吨位天数与船舶吨位次数之比。其中，船舶吨位次数是指报告期内船舶所完成的航次数量与相应的船舶吨位的乘积。

由此可见，航行率与公路运输中的工作率并非对应，而是与工作车时利用率相类似，用以表征用于航行的比例。

（3）铁路运输。

①货车周转时间，又称车辆周转率，是指货车每完成一个工作量（即周转一次）平均消耗的时间。其分为全路货车周转时间和铁路局（分局）货车周转时间两种。全路货车周转时间是货车从第一次装车完成时起，至下一次装车完成时止，平均消耗的时间；铁路局（分局）货车周转时间是货车在管内从第一次装车完成或重车从邻局（分局）接入时起，至下一次装车完成或下一次从邻局（分局）接入时止，各车在管内消耗时间的平均值。

货车周转时间的计算，通常采用车辆相关法和时间相关法两种方法。

车辆相关法是指利用有关车辆指标近似计算货车周转时间的方法。此种方法简便易行，在统计日、旬、月、年完成的货车周转时间时，都采用这种计算方法。该方法的计算公式是：

$$\text{全路货车周转时间} = \frac{\text{运用车数}}{\text{工作量}} = \frac{\text{运用车数}}{\text{使用车数}}$$

$$\text{铁路局(分局)货车周转时间} = \frac{\text{运用车数}}{\text{工作量}} = \frac{\text{运用车数}}{\text{使用车数} + \text{接运重车数}}$$

时间相关法是指按货车周转时间的各构成因素计算该指标的方法。这种方法可以分别对各作业环节进行计算、分析，以便考核各组成部分的完成情况，找出薄弱环节，提出改进措施。因而，一般用于经济分析中，说明货车周转时间延长或缩短的原因以及各构成因素的影响程度。其计算公式是：

$$\text{货车周转时间}=\text{运行时间}+\text{在技术站中转作业时间}+\text{装卸站货物作业时间}$$

$$=\frac{1}{24}\left(\frac{\text{全周转距离}}{\text{旅行速度}}+\frac{\text{全周转距离}}{\text{平均中转距离}}\times\text{在技术站平均中转时间}+\text{管内装卸率}\times\text{一次货物作业平均停留时间}\right)$$

管内装卸率是指每辆货车每周转一次平均装卸作业的次数，即装卸作业次数与工作量之比。各个铁路局的管内装卸率多介于0~2。就铁路局管内而言，其自装自卸等于2，输出运输和输入运输均为1，而通过运输等于0。全路该指标的数值约等于2，与外局不相连接的铁路局的数值也约等于2。这是因为每个工作量一般都要装卸各一次。

依照上述公式可以计算如管内工作车、移交车、空车等各类货车的周转时间。此外，根据分析的需要，时间相关法还可以分成更多的构成因素去计算。

②机车全周转时间是指机车每周转一次所消耗的时间，一般是指一台机车在一个牵引区段担当一次往复列车牵引作业所消耗的全部时间。机车全周转时间的计算与机车周转方式有密切的关系。

对于采用肩回运转制的机车，机车担当机务段所在站两侧的两个区段上的列车作业，机车每往返担当一个区段上的列车作业，回到机务段所在站后，从列车摘钩，并进入机务段进行整备作业。因此，机车全周转时间是指自机车由上一次作业完成返回机务段，经过机务段所在站、机务段分界点时起，至本次作业完成返回机务段，再经过机务段所在站、机务段分界点时止的全部时间。对于采用循环运转制的机车，机车是在两个或更多区段上往返担当列车作业，除了进行定期修理及中间技术检查外，经过机务段所在站时均不进入机务段，仅在车站进行部分整备作业，即机车每周转一次就比肩回运转制少一次进入机务段作业。可见，机车全周转时间应为上次整备乘务员到达换班站时起至本次整备乘务员到达换班站时止的全部时间，如果是在车站换班的机车，则为接班时起到交班时止的全部时间。

机车全周转时间的相关计算可采用直接计算法和时间相关法。

直接计算法：由机务段根据司机报单先计算出每台机车的全周转时间及周转次数，然后再加以汇总、平均而求得全段机车的平均全周转时间。其计算公式如下：

$$\text{平均全周转时间}=\frac{\sum\text{机车全周转时间}}{\text{机车周转次数}}$$

式中，机车周转次数是指机车承担任务在各个牵引区段内往返走行的次数。我国规定机车周转次数可以用机车回库台数表示。一般而言，机车每担任一次往、返路工作，就计为机车回库台数一台。采用肩回运转制时，机车每担任一次往、返路工作，回机务段一次，就计为机车周转次数一次；采用循环运转制时，机车每经过乘务员的换班站一次，就计为机车回库台数一台。如果机车只担任往路或返路的工作，则计为半台。当机车临时越过担当的区段运行时，每经过一个乘务区段计为半台，不足一个乘务区段则不予以计算。

时间相关法是根据机车在一个全周转中所消耗的各项时间来计算机车全周转时间。其计算公式如下：

$$机车全周转时间=\frac{全周转距离}{旅行速度}+在本段及所在站停留时间+在折返段及所在站停留时间$$

除了机车全周转时间外，还有中转作业停留时间、一次货物作业平均停留时间、在本段及所在站停留时间、在折返段及所在站停留时间等指标。

（4）航空运输。

①平均每机飞行小时是指一定时期内平均每架在册飞机的飞行小时数。此指标反映每架在册飞机的平均使用程度。该综合性指标可以综合反映飞机维修、航空生产和其他运输组织工作对飞行时间的影响，但它未能反映每架在册飞机每日用于运输的飞行时间有多少。该指标的计算公式是：

$$平均每机飞行小时=\frac{\sum 飞行小时}{平均在册飞机架数}$$

式中，平均在册飞机架数是指报告期内平均每天在册飞机架数，其计算公式为：

$$平均在册飞机架数=\frac{报告期在册飞机总架日}{报告期日历天数}$$

现行制度规定平均每机飞行小时应根据平均在册飞机架数计算。

②飞机利用率是指平均每架在册飞机在一定时间（报告期）内所提供的生产飞行小时数。其计算公式是：

$$飞机利用率=\frac{报告期生产飞行小时}{报告期平均在册飞机架数\times 报告期时间(年、季、月或日)}$$

③平均每机日生产飞行小时，简称飞行日利用率，是指一定时期内平均每架在册飞机每日用于运输的生产飞行小时数。该指标综合反映平均每架在册飞机每日用于运输生产上的时间利用程度。其计算公式是：

$$飞行日利用率=\frac{年生产飞行小时}{年平均在册飞机架数\times 年日历天数}$$

现行制度规定飞行日利用率应根据年平均在册飞机架数计算。

（二）行程利用指标

1. 公路运输

（1）总车公里，也称总行程，是指车辆在实际工作中行驶的总里程数，其计量单位为 km。总车公里按是否有载重分为重车公里和空车公里。

（2）里程利用率，也称行程利用率，是指重车公里在总车公里中所占的比重。里程利用率的反向指标是空驶率，即空车公里在总车公里中所占的比重。

2. 铁路运输

（1）车辆走行公里，简称车辆公里，是指车辆在不同状态下所走行的公里数。对司机报单记载的列车在运行中发生的车辆公里数进行汇总计算，它在数值上等于不同走行公里的车辆数量与相应的走行公里的乘积。在实践中除了需要按运输类别计算车辆走行公里外，还应根据车辆载重状态计算重车走行公里或空车走行公里。

（2）空车走行率，简称空率，是指空车走行公里与重车走行公里（或运用车走行公里）的比率，一般以百分比表示。这个指标可按全部车辆计算，也可按车种分别计算。在国内，通常采取按空车走行公里与重车走行公里的比值求得，而国外有些国家则采取按空车走行公里与运用车走行公里（即空车走行公里与重车走行公里之和）的比值求得。因此，在对比不同国家的资料或不同时期的资料时应事先了解该指标的定义。

（3）机车走行公里是机车运行的公里数。每一台机车运行 1km 即为一机车走行公里。机车走行公里按机车担当运输种别的不同分为客运机车走行公里、货运机车走行公里、路运机车走行公里和其他工作换算走行公里。此外，机车走行公里还按在区间运行实际的走行公里，分为沿线走行公里（也称机车沿线走行公里）和换算走行公里。换算走行公里是指运行机车担任调车工作或处于有火停留状态等待工作等，其间有设备磨损、能源消耗，虽有行驶而里程难以精确计算时（如进行的调车工作），只能采用各工作状态所占的机车小时数与换算系数折算的机车走行公里。其中，各工作状态换算系数（km/h）的标准如下：调车工作为 10，有火停留为 1，其他工作为 2。铁路部分机车走行公里指标构成如图 7–12 所示。

（4）货车平均全周转距离，简称全周距，是指货车在一次周转中平均运行的距离。它分为全路货车平均全周转距离和铁路局（分局）货车平均全周转距离两种。计算公式是：

$$全路货车平均全周转距离=\frac{运用车走行公里}{工作量}=\frac{运用车走行公里}{使用车数}$$

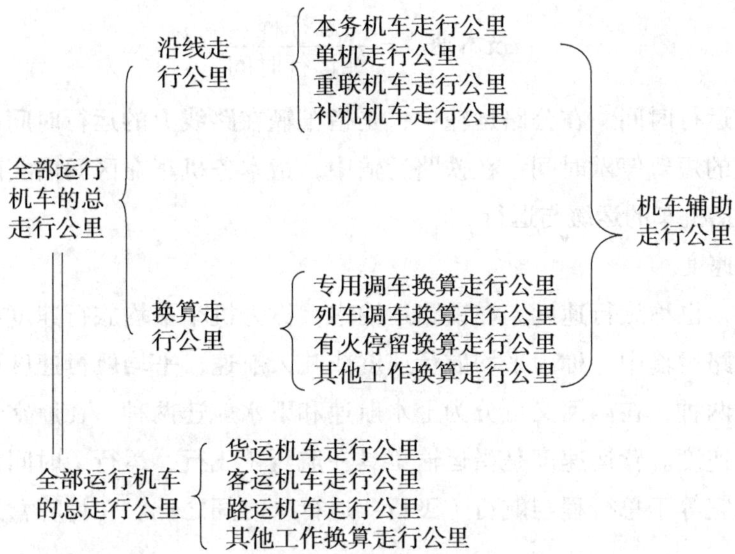

图 7-12 铁路部分机车走行公里指标构成

$$铁路局(分局)货车平均全周转距离=\frac{运用车走行公里}{工作量}=\frac{运用车走行公里}{使用车数+接运重车数}$$

同样，只要将上述公式中的运用车走行公里换为重车走行公里、空车走行公里即可相应求出重车平均周转距离（简称重周距）和空车平均周转距离（简称空周距）。全周距等于重周距和空周距之和。即：

$$全周距=重周距+空周距=重周距\times(1+空率)$$

（5）货车平均中转距离，简称中距，是指货车每中转一次平均走行的距离。它等于运用车走行公里与中转车数之比。

（6）机车平均周转距离是指在一定时期内机车每周转一次平均走行的公里数，单位为 km/ 台次。其计算公式为：

$$机车平均周转距离=\frac{机车(不包括补机)沿线走行公里}{机车(不包括补机)周转次数}$$

$$=2\times 牵引交路长度(机车担当牵引列车作业的区段长度)$$

（三）速度利用指标

1. 技术速度、营运速度与运送速度

（1）技术速度。

在公路运输与铁路运输中设有技术速度指标。在铁路运输中，技术速度称为机车平均技术速度或列车平均技术速度。技术速度是运输工具纯运行时间内平均每小时行驶的里程。其计算公式为：

$$技术速度=\frac{总行程}{纯运行时间}$$

式中的纯运行时间，在公路运输中，是指车辆在路线上的运行时间，其中包括与交通管制有关的短暂停歇时间；在铁路运输中，指本务机车在区间内实际运行时间的总和，其中包括机车的运缓与退行。

（2）营运速度。

营运速度，也称旅行速度。在铁路运输中，称为机车平均旅行速度或列车平均旅行速度。在水路运输中，称为平均航行速度或吨天航速，平均航行速度可分为重航速度和空航速度两种，在内河又可分为上水航速和下水航速两种。在航空运输中，称为平均营运飞行速度。营运速度是指运输工具在航行（飞行、运行）时间内平均每小时行驶的里程，它等于总行程与航行（飞行、运行）时间之比。在计算营运速度时应注意以下几点。

①在水路运输中，对于单船，平均航行速度为航行海里数与航行天数之比。对于非单船，则按以下公式计算：

$$平均航行速度=\frac{船舶吨位海里}{航行吨位天数}$$

②在公路运输中，营运速度也等于技术速度与出车时间利用系数的乘积。其推导过程如下：

$$营运速度=\frac{总行程}{出车时间}=\frac{总行程\times纯运行时间}{出车时间\times纯运行时间}=技术速度\times出车时间利用系数$$

③营运速度的大小不仅受技术速度的影响，还取决于运输组织工作、运输距离和装卸停歇时间等因素。营运速度总是小于技术速度，在运输距离很大时，即装卸停歇时间在航行（飞机、运行）时间内所占的比重较小时，营运速度可接近于技术速度。

（3）运送速度。

在公路运输和铁路运输中设有运送速度指标。运送速度是指运输工具在客货运送时间内的平均速度，用以表示客货运送的快慢。在铁路运输中，该指标称为旅客列车直达速度或直通速度。在计算运送速度时，不仅要考虑运输工具在路线上的纯运行时间和中途装卸货物、上下旅客的停歇时间，也要考虑运输工具在起始站因办理客货运送业务而停歇的时间，因此，运送速度小于营运速度。在分析比较各种运输方式和运输工具客货运送的快慢时，采用运送速度指标比采用营运速度或技术速度指标更有说服力，但就某种运输方式而言，常用的速度指标为营运速度。

2. 平均车日行程和平均日车公里

除了以上三个速度指标外，在公路运输和铁路运输中还分别使用平均车日行程和平均日车公里指标。

（1）平均车日行程是指汽车在报告期内平均每个工作车日行驶的里程，计量单位为 km / 车日。实际上它也是一个速度指标，只不过它不以小时而是以车日为时间计算单位。该指标是车辆速度性能利用与出车时间利用的综合性指标，其计算公式为：

$$平均车日行程=\frac{总行程}{工作车日}=\frac{总行程\times 出车时间}{工作车日\times 出车时间}=营运速度\times 平均出车时间$$

$$=技术速度\times 出车时间利用系数\times 平均出车时间$$

（2）机车平均日车公里，简称机车日车公里，是指每台运行机车平均在一个昼夜内所完成的沿线走行公里数，计量单位为 km / 台日。其计算公式为：

$$机车平均日车公里=\frac{机车沿线走行公里-补机机车走行公里}{运行机车台日数}$$

$$=\frac{(机车沿线走行公里-补机机车走行公里)/机车周转次数}{运行机车台日数/机车周转次数}$$

$$=\frac{机车平均周转距离}{机车平均周转时间}$$

（3）货车平均日车公里，简称货车日车公里，是指每台运用货车平均每日走行公里数，计量单位为 km / 台日。其计算公式为：

$$货车平均日车公里=\frac{货车走行公里}{运用车日数}=\frac{货车走行公里\ /货车周转次数}{运用车日数/货车周转次数}$$

$$=\frac{货车平均周转距离}{货车平均周转时间}$$

（四）载重能力利用指标

1. 平均静载重

平均静载重，也称平均静载量，是指在静止状态下平均每辆运输工具装载货物的数量。目前，公路运输和铁路运输中设有该指标。

$$汽车平均静载重=\frac{计算期总载货量}{计算期总装车数}=\frac{\sum 每辆车的载货量}{计算期总装车数}$$

$$铁路货车平均静载重=\frac{货物发送吨数}{装车数}$$

同理，可以按以下公式计算某个铁路局（分局）的管内重车平均静载重、接运重车平均静载重、管内工作车（已卸）平均静载重。

$$\text{管内重车平均静载重}=\frac{\text{货物发送吨数}+\text{货物接入吨数}}{\text{使用车数}+\text{接运重车数}}=\frac{\text{货物运送吨数}}{\text{工作量}}$$

$$\text{接运重车平均静载重}=\frac{\text{货物接入吨数}}{\text{接运重车数}}$$

$$\text{管内工作车(已卸)平均静载重}=\frac{\text{货物到达吨数}}{\text{卸空车数}}$$

2. 静载重利用率

静载重利用率，在公路运输中称为汽车静载量利用率、汽车静载量利用系数；在铁路运输中称为铁路货车载质量利用率；在水路运输中，对于拖（推）轮运输，称为每马力发航拖（推）量，对于其他水路运输，称为发航负载率；在航空运输中称为航站始发载运比率或飞机静态载重率。尽管名称略有不同，但它们都是指运输工具的实际载货量（发运量）与其额定（标记）载运能力之比，或者运输工具的平均静载重与其平均额定（标记）载运能力之比。

$$\text{汽车静载量利用率}=\frac{\sum\text{每辆车的载货量}}{\sum\text{每辆车的额定吨位}\times\text{运次数量}}=\frac{\text{汽车平均静载重}}{\text{平均吨位}}$$

式中，运次数量是指车辆完成的运次的数量。

$$\text{平均吨位}=\frac{\text{平均总吨位}}{\text{平均车数}}=\frac{\text{总车吨日/日历天数}}{\text{总车日/日历天数}}=\frac{\text{总车吨日}}{\text{总车日}}$$

$$\text{铁路货车载质量利用率}=\frac{\text{铁路货车平均静载重}}{\text{铁路货车平均标记载重}}$$

式中，铁路货车平均标记载重的计算公式为：

$$\text{铁路货车平均标记载重}=\frac{\sum\text{各类铁路货车标记载重吨数}}{\sum\text{各类铁路货车数量}}$$

$$\text{发航负载率}=\frac{\sum\text{各类船舶发航载货量}}{\sum\text{各类船舶额定吨位}\times\text{航次数量}}$$

$$\text{航站始发载运比率}=\frac{\sum\text{飞机发运量}}{\sum\text{最大业载}\times\text{航行次数}}$$

式中，最大业载是指飞机最大业务载重能力，即飞机可用于运输旅客、行李、邮件、货物的最大载质量。最大业载受气温、地理等条件的影响，同一机型的飞机在不同时间、地点的最大业载可能是不相同的。现行制度规定，按飞机在当地、当时条件下允许的最大业载统计，即载重表上的“业务载重合计”加上“缺载数”，过境航班按规定配额统计，由于天气等原因在中途站要减载到低于配额时，以实际业载作为最大业载统计。对于货运，航站始发载运比率也称为航站始发货舱利用率，即实际载运货物吨数与货舱最大载质量之比。

3. 平均动载重

平均动载重是指运输工具在运行状态下，平均每运输工具公里所完成的货物运输吨公里。它是以运输工具的运输距离为权数的平均静载重的加权平均数。在实践中，根据采用的权数不同，通常使用以下三个不同的百分比并赋予不同的名称。

（1）运输工具自载换算周转量占运输工具最大周转量的百分比。这个百分比，在公路运输中，称为实载率或总行程载质量利用率；在铁路运输中，称为运用车平均动载重；在水路运输中，称为船舶载质量利用率或平均负载率，对于拖（推）轮运输，则称为平均每马力拖（推）量；在航空运输中，称为航线载运比率或动态载重率，对于货运，称为航线货舱利用率。

（2）运输工具自载换算周转量占运输工具重载吨位公里的百分比。这个百分比，在公路运输中，称为吨位利用率或重车行程载质量利用率；在铁路运输中，称为重车平均动载重；在水路运输中，称为重航载质量利用率；在航空运输中，通常不采用此指标。

（3）在水路运输中，有时需要计算船舶空航吨位海里占船舶最大周转量的百分比，并称之为空航系数。

上述所提到的自载换算周转量、最大周转量、重载吨位公里、船舶空航吨位海里的含义如下。

（1）自载换算周转量是指运输工具本身实际完成的换算周转量。

（2）最大周转量也称额定周转量。在公路运输中称为总车吨位公里或总行程载质量；在铁路运输中称为运用车车辆公里；在水路运输中称为船舶吨位海里。它是指运输工具的总行程载运能力。在运输工具的运行过程中，每行驶 1km，所载的“吨位”都同时移动 1km，不论是否有载，这种“吨位”的移动是运输工具的最大生产能力。很显然，它是将运输工具的总运距分别乘以额定吨位[①]，加总求得。

（3）重载吨位公里。在公路运输中称为载运行程载质量或重车行程载质量；在铁路运输中称为重车车辆公里；在水路运输中称为船舶重航吨位海里。它是指运输工具在载运行程中的载运能力，以表明运输工具在运输中排除空驶因素后的最大运输能力，其计算方法是将每个运输工具的重车公里，分别乘以其额定吨位，加总求得。

（4）船舶空航吨位海里是将每艘船舶的空航里程分别乘以船舶额定吨位，加总求得。

---

① 额定吨位，在铁路运输中称为标记吨位，在航空运输中称为最大业载，应以有关运输工具检验部门签署证书上的记载为准，不得任意改变。它与运输工具负载定额并不是同一个概念。额定吨位是国家为了保证安全对运输工具额定的最大载货量，可理解为运输工具的属性，是技术上额定的限量，它不随营运条件的不同而变化；而负载定额则是运输工具在具体营运条件下要求达到的载货量，它随营运条件的变化而变化。

在理解上述指标时，应注意以下两点。

（1）上述指标前面加上“静”或“动”字只是一种形象的说法，其区别在于是否考虑了运输距离对载质量利用的影响。如果运输距离相同，如单个航次（班次、运次）的运输，动态指标与静态指标的数值相同，很明显，动态指标实际上包括了静态指标。

（2）在公路运输中，在全部车辆各个单车的吨位相同或各个单车的里程利用率相同的情况下，实载率等于吨位利用率与里程利用率的乘积。这表明实载率是综合体现车辆在行程和载质量两方面利用程度的指标。然而，里程利用率和吨位利用率是两个不同的概念，反映两个不同的利用程度，单纯考核实载率这个指标，往往会掩盖严重超载或亏载的现象。

（五）牵引能力利用指标

在公路运输中采用拖运率指标以表明汽车动力利用程度，在铁路运输中采用列车平均总重、列车平均载重、列车平均编成数、机车辅助走行率、单机走行率、重联机车走行率等指标以表明机车牵引力利用程度。

（1）拖运率是指汽车挂车完成的周转量占汽车主车与挂车完成的换算周转量之和的比重。计算公式为：

$$\text{拖运率}=\frac{\text{汽车挂车周转量}}{\text{汽车主车与挂车合计换算周转量}}\times 100\%$$

由于一般汽车挂车吨位≤汽车主车吨位，因此，拖运率都在0%~50%。

（2）列车平均总重，也称机车平均牵引总重，简称列车总重。它是指一定时期内每一列车的平均总重量，即每一台本务机车平均牵引的总重吨数。计算公式为：

$$\text{列车平均总重}=\frac{\text{机车牵引总重吨公里}}{\text{本务机车走行公里}}$$

式中，机车牵引总重吨公里等于机车（包括单机）在区间线路上牵引列车实际走行的公里数乘以列车总质量①。计算机车牵引总重吨公里，当双机合并牵引及挂有补机、重联机车时，应该分别核算每台机车的机车牵引总重吨公里。

（3）列车平均载重，也称机车平均牵引载重，简称列车净重。它是指一定时期内每一列车的平均载质量，即每一台本务机车平均牵引的货物吨数。计算公式为：

$$\text{列车平均载重}=\frac{\text{机车牵引载重吨公里}}{\text{本务机车走行公里}}$$

式中，机车牵引载重吨公里等于机车（包括单机）在区间线路上牵引列车实际走

① 列车总质量包括货物质量、车辆自重、守车质量，但不包括机车自身的质量。

行的公里数乘以列车载货质量[①]。由于绕道运输、计费地点与装卸地点不一致以及统计时间的不同，一般情况下，机车牵引载重吨公里往往大于计费货物周转量。

（4）列车平均编成数，也称列车平均组成辆数，从机车牵引的角度称为机车牵引辆数。它是平均每一本务机车走行公里所完成的车辆公里数，通常则视为每一列车机车平均牵引的车辆数，以反映机车运用质量和牵引能力。其计算公式为：

$$列车平均编成数=\frac{车辆公里(不包括单机)}{本务机车走行公里}$$

列车平均编成数与列车总重、列车净重和车辆平均总重、车辆平均净重的关系如下：

$$列车总重=列车平均编成数\times 车辆平均总重$$

$$列车净重=列车平均编成数\times 车辆平均净重$$

（5）机车辅助走行率，也称机车辅助工作率，是指在一定时期内机车辅助走行公里占机车总走行公里（或本务机车走行公里）的比重，以反映机车完成辅助工作的情况。降低机车辅助走行率可以提高机车运用效率。

（6）单机走行率，简称单机率，是指在一定时期内单机走行公里占本务机车走行公里的比重，它是反映机车牵引能力利用程度的指标。单机走行通常是非生产性的走行，或者是一种未充分利用机车牵引能力的走行。

（7）重联机车走行率，简称重联率，是指在一定时期内重联机车走行公里占本务机车走行公里的比重，它是反映机车牵引能力利用程度的指标。

三、载运工具利用综合指标

运输生产率指标，也称运输能力综合利用指标，是指载运工具在单位工作时间内所完成的产量，它可以集中反映载运工具在时间、速度、里程、载质量等方面的综合运用效率。

（一）公路运输生产率指标

根据实际需要，汽车运输企业运输能力综合利用指标主要有单车产量、车吨产量、载运系数、工作生产率和总生产率五种，其中前两种指标主要用于企业编制计划和业务考核，后三种指标主要用于提高公路运输生产率方面的理论分析。

1. 单车产量

单车产量是指在报告期内平均每辆车完成的换算周转量。单车产量分为单车年产量、单车季产量、单车月产量及单车日产量四种。

① 列车载货质量是指载运货物的质量，不包括车辆自重、守车质量和机车自身的质量。

在计算单车产量时，不仅要对汽车主车、挂车分别进行计算，还应对汽车主车、挂车进行综合计算，其计算公式为：

$$单车产量=\frac{汽车主车或挂车完成的换算周转量}{平均车数}（汽车主车、挂车分别计算）$$

$$单车产量=\frac{汽车主车和挂车综合完成的换算周转量}{平均车数}（汽车主车、挂车综合计算）$$

$$平均车数=\frac{总车日}{日历天数}=\frac{平均总吨位}{平均吨位}$$

在计算单车产量时，也可按各单项效率指标相乘求得。计算方法也分为汽车主车、挂车分别计算和汽车主车、挂车综合计算两种。

为了推导用各单项效率指标表示单车产量的计算公式，首先必须推导出用各单项效率指标表示换算周转量的计算公式。

$$换算周转量=\frac{平均营运车数\times日历天数\times工作率\times平均车日行程\times里程利用率\times平均吨位\times吨位利用率}{1-拖运率}$$

同理，可求出汽车主车、挂车分别完成的及汽车主车、挂车综合完成的单车产量，计算公式如下：

$$单车产量=日历天数\times工作率\times平均车日行程\times里程利用率\times平均吨位\times吨位利用率（汽车主车、挂车分别计算）$$

$$单车产量=日历天数\times工作率\times平均车日行程\times里程利用率\times平均吨位\times吨位利用率\times\frac{1}{1-拖运率}（汽车主车、挂车综合计算）$$

由此可见，单车产量是工作率、平均车日行程、里程利用率、吨位利用率、拖运率等单项效率指标的综合反映。

2. 车吨产量

车吨产量是指在报告期内平均每个吨位完成的换算周转量。车吨产量可以有效消除车辆额定吨位不同所造成的影响。与单车产量一样，它也分为车吨年产量、车吨季产量、车吨月产量和车吨日产量四种。

车吨产量的计算公式为：

$$车吨产量=\frac{汽车主车或挂车完成的换算周转量}{平均总吨位}$$

$$=\frac{汽车主车或挂车完成的换算周转量}{平均车数\times平均吨位}=\frac{单车产量}{平均吨位}（汽车主车、挂车分别计算）$$

$$车吨产量=\frac{汽车主车和挂车综合完成的换算周转量}{平均总吨位}$$

$$=\frac{单车产量}{平均吨位}（汽车主车、挂车综合计算）$$

同样，车吨产量也可按各单项效率指标计算，即：

车吨产量 = 日历天数 × 工作率 × 平均车日行程 × 里程利用率 × 吨位利用率（汽车主车、挂车分别计算）

$$车吨产量=日历天数\times工作率\times平均车日行程\times 里程利用率\times吨位利用率\times\frac{1}{1-拖运率}（汽车主车、挂车综合计算）$$

3. 载运系数

载运系数，也称车公里产量，是指在报告期内平均每车公里完成的换算周转量。它也是表明车辆综合利用程度的指标。对汽车主车、挂车进行综合计算，载运系数的计算公式为：

$$载运系数=\frac{换算周转量}{总车公里}$$

载运系数也可以用各单项效率指标进行计算，对汽车主车、挂车进行综合计算，载运系数的计算公式为：

$$载运系数=平均吨位\times里程利用率\times吨位利用率\times\frac{1}{1-拖运率}$$

在计算单车产量、车吨产量、载运系数时，可以选择使用上述计算公式。然而，在不同车型的各单项效率指标不同的情况下，采用不同的计算方法，计算结果并不相同。因此，汽车运输企业通常在编制计划时，为了测算周转量，才采用各单项效率指标计算，故习惯上称使用各单项效率指标表达的计算公式为计划式，而将另外的计算公式称为标准式或统计式。

4. 工作生产率

工作生产率是指平均每工作车时车辆完成的货运量或货物周转量，它用以综合评价车辆在路线上工作时间内的利用效果。

一般情况下，载货汽车的运输工作是以运次为基本运输过程来进行组织的。在一个运次内，计算平均每工作车时车辆完成的货运量，即：

$$\text{工作生产率}=\frac{\text{该运次完成的货运量}}{\text{该运次所需工作车时}}=\frac{\text{汽车静载量利用率}\times\text{平均吨位}}{\text{运行车时}+\text{平均停歇时间}}=\frac{\text{汽车静载量利用率}\times\text{平均吨位}}{\dfrac{\text{载重行程}}{\text{里程利用率}\times\text{技术速度}}+\text{平均停歇时间}}$$

同理，在一个运次内，计算平均每工作车时车辆完成的货物周转量，即：

$$\text{工作生产率}=\frac{\text{该运次完成的货物周转量}}{\text{该运次所需工作车时}}=\frac{\text{汽车静载量利用率}\times\text{平均吨位}\times\text{载重行程}}{\dfrac{\text{载重行程}}{\text{里程利用率}\times\text{技术速度}}+\text{平均停歇时间}}=\frac{\text{汽车静载量利用率}\times\text{平均吨位}}{\dfrac{1}{\text{里程利用率}\times\text{技术速度}}+\dfrac{\text{平均停歇时间}}{\text{载重行程}}}$$

上述两式中，平均停歇时间是指车辆在路线上装卸货以及其他原因导致的一个运次的车辆平均停歇时间。

5. 总生产率

总生产率是以车辆总车时（在册车时）为单位计算的生产率，即平均每总车时车辆完成的货运量或货物周转量，用以评价车辆在企业在册时间内的利用效果。

$$\frac{\text{工作车时}}{\text{总车时}}=\frac{\text{工作车时}\times\text{工作车日}}{\text{工作车日}\times\left(24\times\text{总车日}\right)}=\text{总车时利用率}\times\text{工作率}$$

因此，总生产率与工作生产率的关系为：

$$\text{总生产率}=\frac{\text{货运量或货物周转量}}{\text{总车时}}=\frac{\text{货运量或货物周转量}\times\text{工作车时}}{\text{工作车时}\times\text{总车时}}=\text{工作生产率}\times\text{总车时利用率}\times\text{工作率}$$

将前述两个工作生产率公式代入上述公式，可求出总生产率公式为：

$$\text{总生产率}=\frac{\text{总车时利用率}\times\text{工作率}\times\text{汽车静载量利用率}\times\text{平均吨位}}{\dfrac{\text{载重行程}}{\text{里程利用率}\times\text{技术速度}}+\text{平均停歇时间}}$$

$$\text{总生产率}=\frac{\text{总车时利用率}\times\text{工作率}\times\text{汽车静载量利用率}\times\text{平均吨位}}{\dfrac{1}{\text{里程利用率}\times\text{技术速度}}+\dfrac{\text{平均停歇时间}}{\text{载重行程}}}$$

通过工作生产率和总生产率的公式可知，其与反映车辆在时间、速度、里程、载质量、牵引等方面的一些单项效率指标有直接关系，要提高运输效率，就必须由此入手。限于篇幅，请读者自行分析工作率、平均停歇时间、技术速度、汽车静载量利用率等指标对总生产率的影响。

（二）水路运输生产率指标

1. 船舶平均每营运吨位天产量

船舶平均每营运吨位天产量是指船舶在报告期内平均每吨位每营运天数完成的货物周转量。在实际工作中，也常将船舶平均每营运吨位天产量简称为吨天产量，而对于拖（推）轮运输，也可简称为马力天产量。其计算公式为：

$$\text{船舶平均每营运吨位天产量}=\frac{\text{货物周转量}}{\text{营运吨位天数}}$$

$$\text{船舶载质量利用率}=\frac{\text{货物周转量}}{\text{船舶吨位海里}}$$

$$\text{平均航行速度}=\frac{\text{船舶吨位海里}}{\text{航行吨位天数}}$$

$$\text{航行率}=\frac{\text{航行吨位天数}}{\text{营运吨位天数}}$$

因此，吨天产量也可根据船舶单项效率指标表达，即：

$$\text{吨天产量}=\text{船舶载质量利用率}\times\text{平均航行速度}\times\text{航行率}$$

2. 船舶平均每吨位船生产量

船舶平均每吨位船生产量是指船舶在报告期内平均每吨位完成的货物周转量。实际业务中也简称为单位船产量。其计算公式为：

$$\begin{aligned}\text{单位船产量}&=\frac{\text{货物周转量}}{\text{平均每天保有的船舶吨位}}=\frac{\text{货物周转量}}{\text{总吨位天数/日历天数}}\times\frac{\text{营运吨位天数}}{\text{营运吨位天数}}\\&=\text{日历天数}\times\text{船舶营运率}\times\text{吨天产量}\\&=\text{日历天数}\times\text{船舶营运率}\times\text{航行率}\times\text{平均航行速度}\times\text{船舶载质量利用率}\end{aligned}$$

3. 船舶生产率

船舶生产率是指平均每营运天数船舶完成的货物周转量。此指标常用于提高船舶运输能力的理论分析。

对于简单航次的船舶来说，每航次完成的货运量为发航负载率与船舶额定吨位的乘积；而每航次所需营运天数则主要由航行时间和在两个端点港的停泊时间构成，即：

$$每航次所需营运天数=\frac{航行距离}{平均航行速度}+\frac{2\times 发航负载率\times 船舶额定吨位}{装卸总效率}$$

由此可以求出船舶生产率为：

$$船舶生产率=\frac{货运量\times 航行距离}{每航次所需营运天数}=\frac{发航负载率\times 船舶额定吨位\times 航行距离}{\dfrac{航行距离}{平均航行速度}+\dfrac{2\times 发航负载率\times 船舶额定吨位}{装卸总效率}}$$

$$=\frac{1}{\dfrac{1}{平均航行速度\times 发航负载率\times 船舶额定吨位}+\dfrac{2}{装卸总效率\times 航行距离}}$$

由此可见，船舶生产率与平均航行速度、发航负载率、船舶额定吨位、航行距离、装卸总效率等因素有关，且船舶生产率随着这些相关因素的增加而增加。因此，如果某水运企业拥有多种不同性能的船舶，在不同营运条件的航线上工作，若将载质量大、航速高的船舶配置在装卸效率高、航线长的航线上，即可明显提高整个航队的船舶运输能力。

（三）铁路运输生产率指标

1. 机车平均每日生产量

机车平均每日生产量，简称机车日产量，又称机车生产率。机车日产量是指平均每台机车在一昼夜内完成的总重吨公里数。对于货运，这个指标的基本表达式及其与相关指标的关系式如下：

$$机车日产量=\frac{货运列车总重吨公里}{运行机车台日数}=\frac{机车牵引总重\times 本务机车走行公里}{\dfrac{机车沿线走行公里-补机机车走行公里}{机车平均日车公里}}$$

$$=\frac{机车牵引总重\times 机车平均日车公里\times 本务机车走行公里}{本务机车走行公里+单机走行公里+重联机车走行公里}$$

$$=\frac{机车牵引总重\times 机车平均日车公里\times 本务机车走行公里}{本务机车走行公里\left(1+单机走行率+重联率\right)}$$

$$=\frac{机车牵引总重\times 机车平均日车公里}{1+单机走行率+重联率}$$

$$=\frac{机车牵引总重\times \dfrac{机车平均周转距离}{机车平均周转时间}}{1+单机走行率+重联率}$$

从上述公式可以看出，提高机车牵引总重，合理延长牵引交路长度，提高机车平均日车公里，加速机车周转，降低单机走行率，减小重联率，使机车工作时间与乘务组工作时间协调配合，是改善机车效用、提高机车日产量的重要途径。

2. 货车平均每日生产量

货车平均每日生产量，简称货车日产量，又称货车生产率，是指在一定时期内，平均每辆货车在一昼夜内完成的货物吨公里数。这个指标的基本表达式及其与相关指标的关系式如下：

$$
\begin{aligned}
\text{货车日产量} &= \frac{\text{货物吨公里}}{\text{运用车日数}} = \frac{\text{货物吨公里} \times \text{货车走行公里}}{\text{货车走行公里} \times \text{运用车日数}} \\
&= \text{货车平均动载重} \times \text{货车平均日车公里} = \frac{\text{重车平均动载重}}{1+\text{空车走行率}} \times \text{货车平均日车公里} \\
&= \text{管内重车平均静载重} \times \frac{\text{管内平均行程}}{\text{有载行程}} \times \frac{1}{1+\text{空车走行率}} \times \text{货车平均日车公里} \\
&= \text{管内重车平均静载重} \times \frac{\text{管内平均行程}}{\text{有载行程}} \times \frac{1}{1+\text{空车走行率}} \times \frac{\text{货车平均周转距离}}{\text{货车平均周转时间}}
\end{aligned}
$$

从上述公式，不难发现：①当货物吨公里一定时，只有减少运用车日数，才能提高货车日产量；②货车日产量同货车平均动载重和货车平均日车公里成正比，当货车平均动载重或货车平均日车公里越大时，货车日产量就越高，反之则相反；③货车日产量同管内重车平均静载重及管内平均行程成正比，而同货车平均周转时间成反比。为了提高货车日产量，就必须一方面压缩货车平均周转时间，另一方面提高管内重车平均静载重。由此可见，只有同时注意以上提及的相关指标，并努力将多方面结合起来，才能提高货车日产量。

（四）航空运输生产率指标

飞机生产效率，简称飞机生产率，是指每种机型每用于运输的生产飞行小时完成的货物周转量。这个指标的基本表达式及其与相关指标的关系式如下：

$$
\begin{aligned}
\text{飞机生产率} &= \frac{\text{货物周转量}}{\text{生产飞行小时}} = \frac{\text{运输载重} \times \text{航程运距}}{\text{生产飞行小时}} \\
&= \text{运输载重} \times \text{平均营运飞行速度} = \text{每个航班运输载重} \times \\
&\quad \text{航班数} \times \text{平均营运飞行速度}
\end{aligned}
$$

由此可见，飞机生产率既与飞机本身的性能（载重、速度）有关，也与运输组织工作有关，它是一个综合性指标。

通过以上分析，不难看出，各种运输方式、运输工具与设备的效率指标大同小异，表 7-6 对比了各种运输方式、运输工具与设备的一些效率指标。

表 7–6　　各种运输方式、运输工具与设备效率指标的对比

运输方式 效率指标	公路运输	水路运输	铁路运输		航空运输
			机车	货车	
时间利用指标	车辆完好率、工作率、平均出车时间、总车时利用率、工作车时利用率	船舶营运率、航行率、重航率、平均航次周转期	机车全周转时间、在本段及所在站停留时间、在折返段及所在站停留时间	货车周转时间	飞机利用率
速度利用指标	技术速度、营运速度、运送速度、平均车日行程	平均航行速度	机车平均技术速度、机车平均旅行速度、机车日车公里	列车平均旅行速度、货车日车公里	平均营运飞行速度
行程利用指标	里程利用率		空车走行率		
载重能力利用指标	汽车平均静载重、汽车静载量利用率、吨位利用率、实载率	发航负载率、船舶载质量利用率、空航系数		铁路货车平均静载重、铁路货车载质量利用率、重车平均动载重、运用车平均动载重	航站始发载运比率
牵引能力利用指标	拖运率		列车平均总重、列车平均载重、列车平均编成数、机车辅助走行率、重联率		
载运工具利用综合指标	单车产量、车吨产量、载运系数、工作生产率、总生产率	吨天产量、单位船产量、船舶生产率	机车平均每日生产量	货车平均每日生产量	飞机生产率

[计算实例] 某海运公司有两艘货船。甲船额定吨位 15kt，在 A、B 两港间往返，计划每次往返时间为 20d（其中航行 14d），往返货运量正向满载，反向 4kt，全年计划 17 次往返。乙船额定吨位 25kt，在 A、B、C 港按照三角航线环行，计划每次环行时间为 27d（其中航行 15d）。其货运量为：A—B，18kt；B—C，24kt；C—A，3kt。全年计划 12 次环行。三港间距离如下：A—B，2500n mile；B—C，2100n mile；C—A，1000n mile。试计算该公司货船计划年度的货运量、货物周转量、总吨位天数、营运吨位天数、航行吨位天数、船舶吨位海里、船舶载质量利用率、平均航行速度、船舶营运率、航行率、吨天产量、平均每天船舶保有量和吨船产量。

（1）货运量 $=17\times(15+4)+12\times(18+24+3)=863$（kt）。

（2）货物周转量 $=17\times(15+4)\times2500+12\times(18\times2500+24\times2100+3\times1000)=$

1988300（kt・n mile）。

（3）总吨位天数 =（15+25）×365=14600（kt・d）。

（4）营运吨位天数 =15×17×20+25×12×27=13200（kt・d）。

（5）航行吨位天数 =15×17×14+25×12×15=8070（kt・d）。

（6）船舶吨位海里 =15×17×2500×2+25×12×（2500+2100+1000）=2955000（kt・n mile）。

（7）船舶载质量利用率 = 货物周转量 / 船舶吨位海里 =1988300/2955000 ≈ 67.29%。

（8）平均航行速度 = 船舶吨位海里 / 航行吨位天数 =2955000/8070 ≈ 366.17（n mile/d）。

（9）船舶营运率 = 营运吨位天数 / 总吨位天数 =13200/14600 ≈ 90.41%。

（10）航行率 = 航行吨位天数 / 营运吨位天数 =8070/13200 ≈ 61.14%。

（11）吨天产量 = 货物周转量 / 营运吨位天数 =1988300/13200 ≈ 150.63（t・n mile/t・d）。

（12）平均每天船舶保有量 =（15×365+25×365）/365=40（kt）。

（13）吨船产量 = 货物周转量 / 平均每天船舶保有量 =1988300/40=49707.5（t・n mile/t）。

组织与管理篇

第八章　交通运输组织

第一节　运输组织

一、运输组织概述

1. 运输组织的概念与内容

狭义的运输组织是指在一定运输工具和设备的条件下，为完成规定的运输任务而采取运输对策并实施组织办法的过程；或者是指在一定运输任务的条件下，合理选用运输工具、线路、中转地点、装卸机械，设计并实施最优的运输组织方案的过程。

广义的运输组织是指运输企业在既有运输网络上，在一定管理体制的调节与控制下，通过各种运输方式的配合和各种运输环节的协作，对运输过程中的各个运输环节进行合理组织、统一调用、调节平衡、监督执行，以实现运输工具、设备高效益运转并促使货流合理流动的一系列过程。

运输组织内容包括以下两部分。

（1）业务组织或商务组织以"货"为中心，属于"前台"工作，直接面向客户，研究如何有效组织客货源及相关托运订舱、收发货、费用计算与收取、单证签发与流转等商务操作。此部分组织工作既可以自行完成，也可以委托各类运输代理企业代为完成。

（2）生产组织或运营组织以"设备"为中心，属于"后台"工作，研究如何有效组织运输设备，使之在满足客货需求的前提下，降本增效。此部分组织工作通常由运输企业自行完成。

2. 运输组织的作用

（1）协调运力与运量的平衡，提高整个交通运输体系的社会效益和经济效益。

（2）保证运输工具的高效运行，从而提高交通运输业的微观经济效益。

（3）保证运输部门与货主部门、运输部门内相关的各运输生产单位之间高效协作。

（4）破解运输薄弱环节，提高整个交通运输体系运转的灵活性、高效性。

3. 运输组织的基本要求

（1）连续性。货运生产过程中的各个部分应保持连续，每个生产环节及各项作业之间在时间上应能紧密地衔接并连续地进行，不发生任何不合理的中断现象。

（2）平行性。构成货运生产过程的各个部分、各个部分的每个生产环节和各项作业在时间上平行地进行。当然，不合理地过分追求平行性，会使组织工作复杂化。因此，运输过程的平行性应从实际出发，具体对待，合理解决。

（3）协调性。构成货运生产过程的各个部分应能协调一致地作业，在衔接关系上不会发生彼此脱节或比例失调的现象。

（4）均衡性。企业及其内部每个生产环节在同一时间内完成大致相等的工作量或稳步递增（也可能是递减）的工作量，避免出现时松时紧、前松后紧等情况。

4. 运输组织工作流程

一般而言，运输组织工作流程如图 8-1 所示。

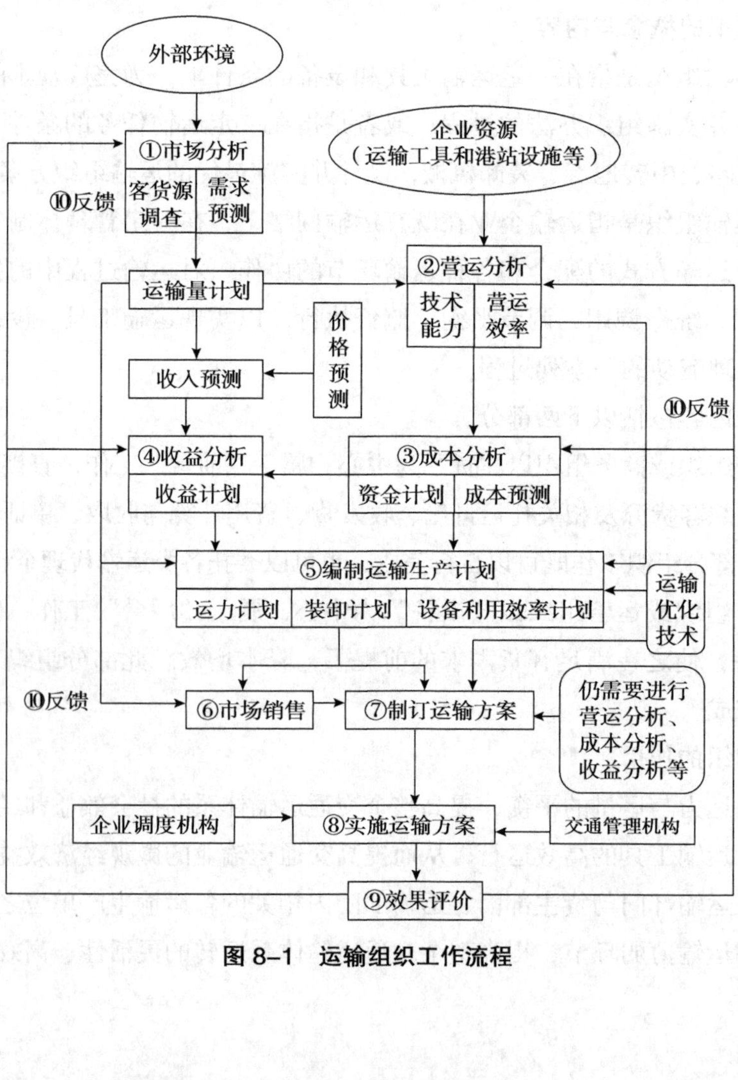

图 8-1 运输组织工作流程

（1）市场分析。在客货源调查与需求预测的基础上，制订运输量计划，它是企业最基本的工作。

（2）营运分析。对实现企业市场目标（运输量计划）的实际能力（即企业的运输工具和港站设施等企业资源、技术能力、营运效率）进行分析和预测，掌握供需平衡状况，明确自营与外包比例。

（3）成本分析。在营运分析的基础上，根据企业资源分配情况进行成本预测并制订资金计划，以控制资金投向与成本。

（4）收益分析。收益分析的目的在于通过市场分析、营运分析和成本分析，对预期成本、期望收入和利润进行综合分析，制订收益计划，进一步论证是否能够达到企业的发展目标。

（5）编制运输生产计划。通过市场分析、营运分析、成本分析和收益分析，最终编制运输生产计划，其包括运力计划、装卸计划和设备利用效率计划。

（6）市场销售。为了确保运输量计划的实现，还必须积极开拓货运市场、组织货源并受理货主的托运。

（7）制订运输方案。所谓运输方案就是根据运输组织原则制定的据以完成某项具体运输任务的系统作业图标及有关条文。运输方案是具体运输任务的组织工作的依据和指导书。

（8）实施运输方案。通过企业调度机构、交通管理机构和一定的管理手段保证运输工作按预定的运输方案实施，对于不能执行的运输方案（运输合同不能履行而导致其运输方案不能实施），要查明原因、进行处理。

（9）效果评价与反馈。一个阶段过去后或一次运输任务完成后，对运输方案的执行情况进行评价，肯定成功之处，找出不足之处，总结经验教训，改进下一步的工作。

在以上各个步骤中，市场分析是后续各步工作的前提。运输生产计划是根据市场调查和预测的资料而编制的，是运输企业一定时期工作的蓝图。运输方案是货运生产计划的具体化，运输方案的实施是运输方案付诸实践的过程，也是对运输方案的检验过程。效果评价是对之前各步工作的总结评价，这为下一阶段的工作提供借鉴。在运输组织与管理工作中，上述步骤不断循环、不断提高，使其不断完善。

二、不同类型企业运输组织的比较

（一）客运企业与货运企业运输组织的比较

1. 客运企业

客运企业以定期运输组织方式为主，实行定时、定线、定车（船）、定站（港）、定价五定运输，客运企业应严格执行国家相关运输法律规定。只有旅游时坐旅游巴士、出租车等特定情况，才采用包车等不定期运输组织方式。

2. 货运企业

对于集装箱运输及零担运输，通常采用定期运输组织方式；而对于粮食、煤炭、石油等大宗货物，通常采用不定期运输组织方式。

（二）运输企业与港站企业运输组织的比较

1. 运输企业

运输企业为了完成货物运输任务，通过编制和执行运输工具运送作业计划，力求运输工具在时间、速度、行程、载质量、动力等方面有良好的利用程度，以一定的运输路线和运行方式组织运输工具的运行。

在实践中，运输企业生产计划需要落实到每个运输工具，并以运输工具为单位组织实施，对每个运输工具的每个完整的生产过程——“航次（运次、车次、班次）”进行全面组织与管理，其组织与管理目标是监督和保证运输工具按航次（运次、车次、班次）指标完成生产任务。

按运输方式不同，运输企业组织可分为铁路行车工作组织、公路车辆行车组织、船舶运营组织、飞机飞行组织、管道运输组织。

2. 港站企业

（1）货物装卸作业组织。它是将货物装入特定的运输工具（如果是集装箱运输，则包括货物装入集装箱和集装箱装入特定的运输工具两个过程），以便实现货物位移，再将货物从特定的运输工具中取出（对集装箱运输，则有上述两个相反过程），结束货物位移的过程。

（2）搬运作业组织。它是将货物从交接地点转移到库场，然后再转移到装货地点等待装货，或直接将货物从交接地点搬运到装货地点等待装货的一系列过程；也是将货物从卸货地点转移到库场，然后再转移到交接地点，或直接将货物从卸货地点搬运到交接地点的一系列过程。

（3）堆存保管作业组织。一般来讲，货物在待运时，或送达目的地时，都需要在车站、港口、机场等地停留一段较短的时间，在这段时间内，必须组织好货物的堆存保管工作。

（4）运输工具到、发和通过等技术作业组织。

3. 二者的比较

运输企业与港站企业同属于资金、技术密集型企业，它们具有很多相似性，但也存在较大的差别。

（1）与运输企业的服务对象仅限于货（包括代理人）相比，港站企业的服务对象为运输工具、货（包括代理人），如果在服务中未能正确处理好与运输工具、货之间的关系，则极易导致港站企业货源流失。

（2）与运输企业的生产区域具有“线”或“面”的特点不同，港站企业的生产区域具有“点”的特点，该特点既可能为其带来一定的行业垄断优势，也可能在同一经济腹地竞争对手的压力下由于缺乏退出市场的灵活性而使其出现经营困难。

（3）港站企业生产过程除了需要自身的努力，在很大程度上也取决于包括引水、导航、集疏运设施、经济政策等在内的港口外部环境，因此，港站企业的港口外部环境对港站企业的货源及生产经营有着重要的影响。

（4）港站设施作为国民经济的基础设施、先行工程具有较强的社会公共性，因而，港站企业的生产经营应坚持微观效益与宏观效益的统一。

三、陆路运输组织

1. 公路运输组织

公路运输包括整车运输、零担运输、集中运输、集装箱运输、甩挂运输、接驳运输等模式。整车运输、零担运输与集装箱运输对比如表 8–1 所示。

表 8–1　　整车运输、零担运输与集装箱运输对比

对比项目	整车运输	零担运输	集装箱运输
承运人责任期间	装车 / 卸车	货运站 / 货运站	取决于交付方式，如门到门、站到站、场到场等
设施要求	大型运输车辆	零担货运站	集装箱货运站及集装箱运输车
是否进货运站	否	是	整箱货不进站，拼箱货进站
货源与运输组织特点	货物品种单一、数量大、货价低，装卸地点一般比较固定，运输组织相对简单	货源不确定、货物批量小、品种繁多、站点分散、质高价贵，运输组织相对复杂	适于集装箱货源，运输组织相对复杂
营运方式	不定期运营模式	定期运营模式	定期运营模式
运输时间	相对较短	相对较长	相对较短
运输合同形式	通常预先签订书面运输合同	通常以托运单或运单作为运输合同的证明	通常以运单或提单作为运输合同的证明
运费的构成	实行包车计费，单位运费率一般较低，仓储、装卸等费用分担需在运输合同中约定	实行以重量或体积计费，单位运费率一般较高，运费中往往包括仓储、装卸等费用	实行包箱计费，单位运费率较高，运费中往往包括仓储、装卸等费用

2. 铁路运输组织

（1）铁路运输组织模式。

铁路货运改革后，除了整车运输、整列运输、铁路快运货物班列和集装箱运输四种传统的铁路运输组织模式外，还新增了特种货物运输、零担运输和高铁快递，形成了以下七项。

①整列运输，如煤炭、石油、矿石等。

②整车运输。

③铁路快运货物班列，包括行邮、行包专列等。

④集装箱运输。

⑤特种货物运输，如汽车、冷藏鲜活货物等。

⑥零担运输。

⑦高铁快递，提供城际“当日达”或“次晨达”等小件包裹快运服务。

此外，为了适应多样化的市场需求，满足不同货主的运输需要，国铁集团还陆续推出了以下货运业务：国际班列、电商班列、高铁行包、自驾游汽车专列。

（2）铁路运输组织特点。

①网运一体化经营。目前，包括我国在内的绝大多数国家的铁路运输仍实行网运一体化经营，即铁路线路、车站、车辆归属于同一家企业，因而处于独家垄断经营。

②生产要素具有“高、大、半”的特点。一是高度集中，所有行车工作均服从统一管理、统一指挥和统一调度；二是运输生产具有大联动机的性质，技术性和时间性强，管理程序复杂，作业环节众多，通常一个运输企业不能独立完成旅客和货物安全运输任务，需要其他运输企业的通力协作与配合，任何一个作业环节违章操作，都会影响“联动机”的正常运转；三是半军事化管理，国铁集团对基层生产单位的运输调度指挥工作以命令形式下达，各基层站段必须服从。

③运输准时。铁路运输一般不会受其他运输工具的阻碍，可以独自按照计划运行，因此，铁路运输可以做到准时。

④以铁路列车为货物运输的基本输送单元。这种运输组织方式一方面可大大提高铁路的运输能力，易形成大运输量的运输通道；另一方面也导致了铁路运输生产必然涉及车辆编组、途中摘挂、空车调拨、脱钩等一系列技术作业。

⑤难以实现门到门直达运输。除非有铁路专用线，否则只能完成站到站直达运输。

四、水路运输组织

水路运输组织包括班轮运营组织与不定期船运营组织两种模式。

（一）班轮运营组织

1. 概念与内容

它是指班轮运输企业在一定时期内对班轮生产活动的全面计划和安排，即在一定运输任务的条件下合理选用船舶、航线、港口，制订并实施最优运输组织方案的过程。班轮运营组织主要解决以下问题：航线设计、航线配船、班轮船期表的编制。

2. 航线设计

（1）航线设计概念。

航线设计也称航线设置或航线优化。它是指班轮运输企业在开辟新的航线时确定航线结构和班轮挂靠港口的过程。

（2）航线结构。

航线结构也称航线布局形式。以集装箱运输为例，班轮航线有多种布局形式，以下为常见的航线结构。

①两端港航线。两端港航线示意如图 8-2 所示。虚线圆圈视为一个虚拟的端港，船舶在这个端港的货物分批次在不同的实际港口 A、B、C、D 分别装运。另一端也是如此，将实际港口 E、F、G、H 所在的虚拟的端港视为一个虚拟的目的港，到该目的港的货物分批次、分地点分别卸下。

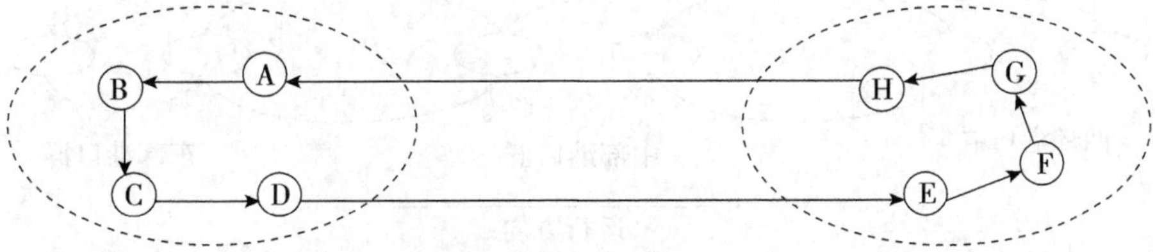

图 8-2 两端港航线示意

②枢纽辐射式航线。枢纽辐射式航线示意如图 8-3 所示。通过干支配合，实现货物的集结、干线运输与分拨。例如，新加坡依靠枢纽辐射式航线吸引了境外中转货源。

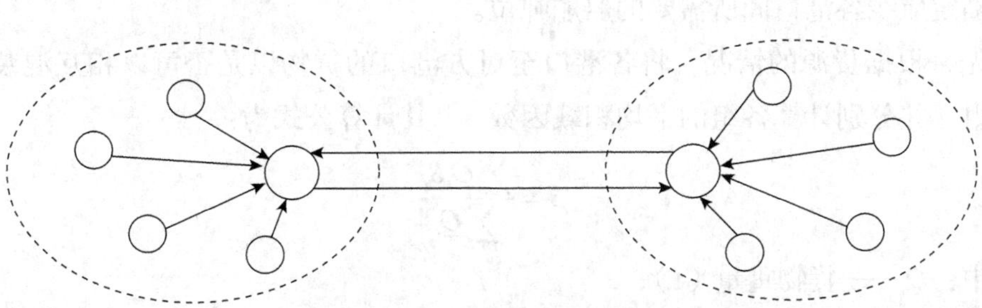

图 8-3 枢纽辐射式航线示意

③环绕式航线。环绕式航线示意如图 8–4 所示。这种航线结构的优点是能解决货流不平衡问题，提高船舶利用率；缺点是航线较长，需要投入较多船舶。

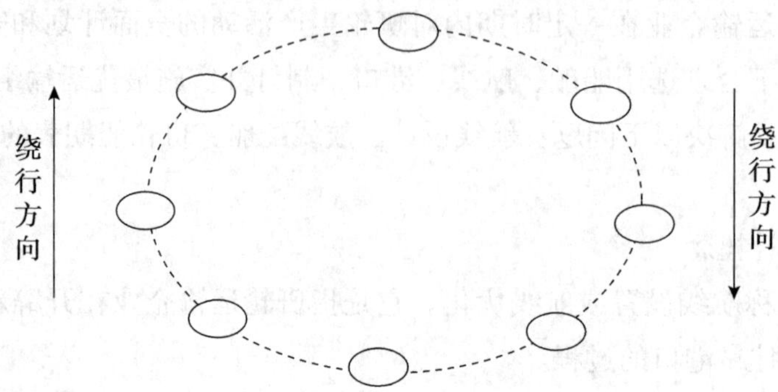

图 8–4　环绕式航线示意

④钟摆式航线。钟摆式航线示意如图 8–5 所示。这种航线结构的优点是覆盖面较大，可运载多个港口群之间的货物，提高箱位利用率；缺点是航线较长，需要投入较多船舶。

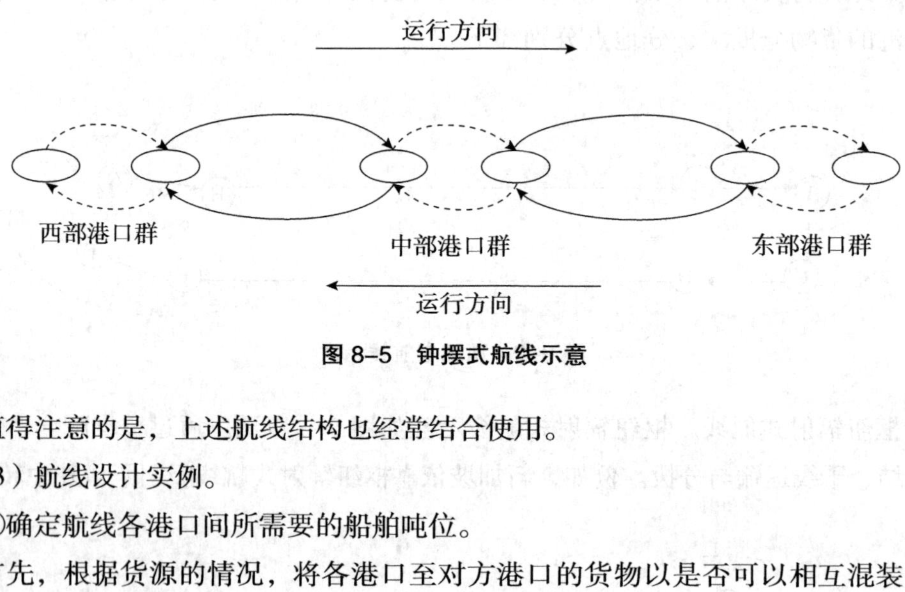

图 8–5　钟摆式航线示意

值得注意的是，上述航线结构也经常结合使用。

（3）航线设计实例。

①确定航线各港口间所需要的船舶吨位。

首先，根据货源的情况，将各港口至对方港口的货物以是否可以相互混装为特征加以分组，并分别计算各组的平均积载因数 S，其计算公式为：

$$S=\frac{\sum Q_i S_i}{\sum Q_i}$$

式中：Q_i——货物重量（t）；

S_i——货物积载因数（m^3/t）。

假定B港至A港间货流情况如表8–2所示。根据货物的特点可以划分为两组，其中，煤炭因不能与其他货物混装而单列一组，其余六种货物划分为另一组。依据以上计算公式可求出该组（包括其余六种货物）的平均积载因数约为1.413m^3/t。

表8–2　　B港至A港间货流情况

	棉花	机器设备	五金	集装箱	袋装粮食	钢材	煤炭
货物重量（kt）	28	42	8	4	198	80	170
货物积载因数（m^3/t）	3.10	2.63	0.19	2.20	1.44	0.20	0.80

其次，根据船舶资料，以装载货物可以互相调配为特征将船舶加以分组，并计算各组的平均舱容系数U，其计算公式为：

$$U=\frac{\sum V_i n_i}{\sum D_i n_i}$$

式中：V_i——船型i的货舱容积（m^3）；

D_i——船型i的额定吨位（t）；

n_i——船型i的数量（艘）。

假定可以互相调配且可用的船舶的资料如表8–3所示。根据以上计算公式可求出这组船舶的平均舱容系数约为1.31m^3/t。

表8–3　　可以互相调配且可用的船舶的资料

	船型1	船型2	船型3	船型4
货舱容积（m^3）	3658	7500	3300	8670
额定吨位（t）	3000	5000	2500	7500
数量（艘）	6	4	2	2

最后，通过平均积载因数与平均舱容系数的比较确定各港口间所需要的船舶吨位。

本例中，第一组（仅包括煤炭）的平均积载因数小于这组船舶的平均舱容系数，则所需要的船舶吨位应等于煤炭的货物重量，即170kt。第二组（包括其余六种货物）的平均积载因数大于这组船舶的平均舱容系数，故应先求出换算系数K（$K=S/U$）。换算系数K约为1.079（1.413/1.31 ≈ 1.079），且其余六种货物的货物重量之和为360kt。因此，所需要的船舶吨位约为388（1.079 × 360 ≈ 388）kt。综上所述，B港至A港间所需要的总船舶吨位约为558kt。

根据同样的原理，可依次确定各港口间所需要的船舶吨位，最终形成各港口间所需要的船舶吨位表（见表 8–4）。

表 8–4　　A—G 港间所需要的船舶吨位　　单位：kt

发出港	到达港							发出船舶吨位合计
	A	B	C	D	E	F	G	
A		170	9	0	0	0	0	179
B	558		90	0	2.5	44	0	694.5
C	0	0		3	0	0	0	3
D	140	11	0		0	0	0	151
E	4.9	0	0	52		83	0	139.9
F	0	94	6.5	0	0		0	100.5
G	12.5	3.5	0	0	0	0		16
到达船舶吨位合计	715.4	278.5	105.5	55	2.5	127	0	1283.9

注：以作者提供数据为准，为方便阅读，表格中同一量的数值精度不进行统一处理。

②确定航线各港口间空船吨位平衡表。

计算表 8–4 中各港口到达船舶吨位合计减去发出船舶吨位合计的数值。当其值为负时，列为缺少船舶吨位，即需求量；反之则列为剩余船舶吨位，即供给量。最终得到空船吨位平衡表（见表 8–5）。

表 8–5　　空船吨位平衡表

港间距离（km） 空船到港 / 空船发港	B	D	E	G	供给量（kt）
A	160	165	465	140	536.4
C	195	170	545	190	102.5
F	327	245	250	300	26.5
需求量（kt）	416	96	137.4	16	665.4

注：以作者提供数据为准，为方便阅读，表格中同一量的数值精度不进行统一处理。

③建立数学模型，求解空船最优调拨方案。

由于港口需要缺少船舶吨位或剩余船舶吨位的存在，必然会产生 A、C、F 港向 B、

D、E、G 港调拨的问题。因此，航线选择问题可以转化为七个港口间空船吨位的合理调配问题。优化这个问题解的目标函数应该使因调拨而产生的船舶总吨公里数 DL 最小。

$$DL = \sum_{i=1}^{3}\sum_{j=1}^{4} x_{ij} L_{ij}$$

式中：x_{ij}——由 i 港调往 j 港的船舶吨位（kt）；

L_{ij}——i 港与 j 港间的距离（km）。

令 i=1，2，3 分别对应 A、C、F 港；令 j=1，2，3，4 分别对应 B、D、E、G 港。问题的约束条件如下。

首先，从 i 港向所有 j 港调拨的船舶吨位总数应等于 i 港的剩余船舶吨位 A_i，即：

$$\sum_{j=1}^{4} x_{ij} = A_i$$

其次，从各 i 港调拨到一个 j 港的船舶吨位总数应满足该港口的需求量 B_j，即：

$$\sum_{i=1}^{3} x_{ij} = B_j$$

最后，由 i 港调往 j 港的船舶吨位不可能是负值，即：

$$x_{ij} \geqslant 0 \quad (i=1,\ 2,\ 3\ ;\ j=1,\ 2,\ 3,\ 4)$$

由此可见，这是一个典型的线性规划问题。根据表 8–5 所示的空船吨位平衡表，应用表上作业法可以得到空船最优调拨方案，如表 8–6 所示。

表 8–6　　空船最优调拨方案　　单位：kt

空船发港	空船到港				供给量
	B	D	E	G	
A	409.5	0	110.9	16	536.4
C	6.5	96	0	0	102.5
F	0	0	26.5	0	26.5
需求量	416	96	137.4	16	665.4

注：以作者提供数据为准，为方便阅读，表格中同一量的数值精度不进行统一处理。

④确定最优航线系统。

根据空船最优调拨方案（见表 8–6）和空船吨位平衡表（见表 8–5），可编制 A—G 港间最优运输计划表，如表 8–7 所示。

表 8-7　　A—G 港间最优运输计划　　单位：kt

发出港	到达港							发出重载船吨	发出空载船吨
	A	B	C	D	E	F	G		
A		170 [409.5]	9	0	0 [110.9]	0	0 [16]	179	[536.4]
B	558		90	0	2.5	44	0	694.5	
C	0	0 [6.5]		3 [96]	0	0	0	3	[102.5]
D	140	11	0		0	0	0	151	
E	4.9	0	0	52		83	0	139.9	
F	0	94	6.5	0	0 [26.5]		0	100.5	[26.5]
G	12.5	3.5	0	0	0	0		16	
到达重载船吨	715.4	278.5	105.5	55	2.5	127	0	1283.9	
到达空载船吨		[416]		[96]	[137.4]		[16]		[665.4]

注：以作者提供数据为准，为方便阅读，表格中同一量的数值精度不进行统一处理。表内方框中的数字是指空船吨位的数值。

为了落实 A—G 港间最优运输计划（见表 8-7），还需要具体编制船舶空载或重载航行的航线。总的原则是既要满足各港口派送空船的计划，又要满足各港口货运的计划。首先，对表 8-7 中那些有船舶直接往返的航线进行编制，并以其中最小的船舶吨位为准来建立。本例中，依此标准可得到下列（1）~（7）具有船舶直接往返的航线：

（1）A——B——A（170kt）；

（2）A……B——A（388kt）；

（3）A……E——A（4.9kt）；

（4）A……G——A（12.5kt）；

（5）B——C……B（6.5kt）；

（6）B——F——B（44kt）；

（7）E——F……E（26.5kt）。

注：——表示重载航行，……表示空载航行。

确定了（1）~（7）主要货流的运行航线之后，便可从表 8-7 中扣除这七项，然后得表 8-8。

根据表 8-8 继续编制其他航线。应满足的原则是：当港口不多时，航线应当尽可能在同一港口开始，最后再回到原港口，同时要求开始的港口应当有空船。据此又制定了（8）~（16）航线：

表 8-8　　扣除相关航线后形成的 A—G 港间最优运输计划　　单位：kt

发出港	到达港							发出重载船吨	发出空载船吨
	A	B	C	D	E	F	G		
A		0 21.5	9	0	0 106	0	0 3.5	9	131
B	0		83.5	0	2.5	0	0	86	
C	0	0		3 96	0	0	0	3	96
D	140	11	0		0	0	0	151	
E	0	0	0	52		56.5	0	108.5	
F	0	50	6.5	0	0		0	56.5	
G	0	3.5	0	0	0	0		3.5	
到达重载船吨	140	64.5	99	55	2.5	56.5	0	417.5	
到达空载船吨		21.5		96	106		3.5		227

注：以作者提供数据为准，为方便阅读，表格中同一量的数值精度不进行统一处理。

（8）A……E——D——A（52kt）；

（9）B——C——D——A……B（3kt）；

（10）B——C……D——A……B（18.5kt）；

（11）B——E——F——B（2.5kt）；

（12）C……D——A——C（9kt）；

（13）C……D——A……E——F——B——C（47.5kt）；

（14）C……D——A……E——F——C（6.5kt）；

（15）C……D——A……G——B——C（3.5kt）；

（16）C……D——B——C（11kt）。

设计好航线系统后，即可根据各航线或航次的货运任务进行运力分配，编制船舶航行作业计划。

3. 航线配船

航线配船是指在海上运输，航线上如何最合理地配置船型、船舶规模及数量，使其不仅能满足每条航线的技术、运营要求，而且能让船公司获得良好的经济效益。

航线配船包括多线多船型、多线单船型和单线单船型三种情况。下面以多线多船型的配船问题为例说明运输工具在线路上合理配置的基本原则与基本方法。

（1）航线配船的基本原则。

航线配船时应遵循船舶与货物相适应、船舶与港口相适应、船舶与航线的航行条件相适应，以及提高运输生产率和降低运输成本的原则。

（2）航线配船的基本方法。

假设某船队现有四种船型，本年度要在五条航线上承担货运任务。所有货物都能用任一种船型的船舶运输。船队中每种船型具有的船舶数量如表 8-9 所示，每条航线上的货运量如表 8-10 所示，每种船型在各条航线上的年运营费用及年运输能力分别如表 8-11、表 8-12 所示。由于某种原因，属于第三种船型（船型 3）的船舶不能在第五条航线（航线 5）上运营。此外，每种船型的年度闲置费用均为 1 万元。试制订该船队的年度货运配船计划，使该船队总的运营效果最好。

表 8-9　每种船型的船舶数量　单位：艘

	船型 1	船型 2	船型 3	船型 4
船舶数量	4	3	2	10

表 8-10　每条航线上的货运量　单位：万 t

	航线 1	航线 2	航线 3	航线 4	航线 5
货运量	22	40	40	80	60

表 8-11　年运营费用　单位：万元

船型	航线				
	1	2	3	4	5
1	10	10.5	9.75	10.25	10.25
2	10.67	10.67	10	10.33	10
3	10	10.5	10	10.5	
4	33	70	30	40	37.5

注：以作者提供数据为准，为方便阅读，表格中同一量的数值精度不进行统一处理。

表 8-12　年运输能力　单位：万 t

船型	航线				
	1	2	3	4	5
1	5	7.5	6.5	10	5.5
2	10	14.17	12.33	16.67	12
3	9	15	12.5	18	
4	5.5	10	10	20	15

注：以作者提供数据为准，为方便阅读，表格中同一量的数值精度不进行统一处理。

在以上问题中，该船队的运输任务是确定的，运输收入也就是一个确定的值，因此选择方案的标准可以采用运营费用最少或运输收入最大。假设采用运营费用最少作为选择方案的标准，则可建立如下形式的航线配船线性规划模型。

目标函数的计算公式：

$$\min K = \sum_{i=1}^{m}\sum_{j=1}^{n} x_{ij}C_{ij} + \sum_{i=1}^{m} O_i F_i$$

其约束条件如下。

保证不大于计划期内各航线上要求完成的货运量：

$$\sum_{i=1}^{m} x_{ij}P_{ij} \leqslant Q_j \quad (j=1,\ 2,\ 3,\ \cdots,\ n)$$

保证分配在各航线上的某型船的数量之和不超过船队中拥有的某型船的数量：

$$\sum_{j=1}^{n} x_{ij} \leqslant A_i \quad (i=1,\ 2,\ 3,\ \cdots,\ m)$$

所有自变量不能为负值：

$$x_{ij} \geqslant 0,\ O_i \geqslant 0$$

式中：K——目标函数，计划期内船队运营费用；

i——船型；

j——航线；

x_{ij}——自变量，在 j 航线上配置 i 型船的数量；

O_i——自变量，i 型船闲置的数量；

C_{ij}——计划期内 i 型船在 j 航线上的运输费用；

F_i——计划期内 i 型船的闲置费用；

P_{ij}——计划期内 i 型船在 j 航线上的运输能力；

Q_j——计划期内 j 航线上要求完成的货运量；

A_i——船队中拥有的 i 型船的数量。

对于以上模型，初等变换成标准形式后可用单纯形法求解。当运输能力大于运输需求时，有可行解存在，且可以确定完成预定的货运量后还留有多少运输能力、闲置哪种船型。

4. 班轮船期表的编制

班轮船期表是以表格的形式反映船舶在位置和时间上运行程序的文件。其主要内容包括船名，航次编号，始发港、中途港和终点港的港名，到达和驶离各港的时间。

（1）班轮航线参数。

①航线货流参数包括航线货流总量、各两港间货流量、航线货流方向不平衡系数、

航线货流时间不平衡系数、航线货物平均运距等。

②航线环境参数包括航线总距离、港口间各区段的距离、航线平均装卸定额、航线有效期、水文气象条件及适航性相关参数。

（2）班轮船期表的计算。

①计算往返航次时间。其计算公式为：

$$t_r = \frac{L}{\bar{V}} + \frac{\sum(Q_l + Q_d)}{\bar{M}}$$

式中：t_r——往返航次时间或周期；

L——航线总距离；

$\bar{V}$——平均航行速度，考虑了进出港航行和过运河、船闸等因素；

Q_l，Q_d——航线沿途各港的装货量和卸货量；

$\bar{M}$——航线沿途各港的平均装卸效率。

②计算航线配船数。其计算公式为：

$$N = \frac{t_r Q_{\max}}{\alpha_b D_d T}$$

式中：N——航线配船数；

t_r——往返航次时间或周期；

$Q_{\max}$——往返两航向中货运量较大航向的年货物发运量；

α_b——船舶载质量利用率（发航负载率）；

D_d——船舶净载质量；

T——平均每艘船舶年营运时间。

计算出 N 后，若 N 不为整数，则延长实际往返航次时间，人为将 N 取为整数。

③计算发船间隔时间。其计算公式为：

$$t_i = \frac{t_r}{N} = \frac{\alpha_b D_d T}{Q_{\max}}$$

为方便货主，计算确定的发船间隔时间后，还要按照规律性的要求加以调整，比如远洋运输常以月、旬、周等为单位。

发船间隔时间的大小也可用发船密度或发船频率来表述。所谓发船密度是指单位时间内，在同一航线、同一港口，向同一方向的发船次数。它与发船间隔时间互为倒数。

④计算到发时间。确定发船间隔时间后，还应推算出船舶到达和驶离各港的时间。当航线上有几艘船舶运行时，后续船舶在各港的到发时间依次相差一个发船间隔时间。

[实例] 某航线一端点港年货物发运量为 15 万 t，另一端点港年货物发运量为 12 万 t，航线配置的船舶全年（365d）参加营运，船舶净载质量为 1 万 t，船舶载质量利

用率为 85%，往返航次时间为 96d，确定航线配船数及发船间隔时间？

根据以上计算公式可知航线配船数为：

$$N=\frac{t_rQ_{\max}}{\alpha_bD_dT}=\frac{96\times15}{85\%\times1\times365}\approx4.64\text{（艘）}$$

N 取为 5 艘，则发船间隔时间为：

$$t_i=\frac{t_r}{N}=\frac{96}{5}=19.2(\text{d})$$

发船间隔时间取为 20d，即每两旬发船一次。此时，往返航次时间应调整为 100d。

（3）班轮船期表的综合平衡。

编制班轮船期表的过程就是平衡客观需要与主观运输能力的过程。综合平衡既包括船舶使用的平衡，也包括航线班期密度的平衡以及港口工作量的平衡。综合平衡的原则是：航线应从全局出发，统筹安排、布局合理；规定的航次应尽可能适应客货运输的需要；吨位应得到充分的利用。

（二）不定期船运营组织

1. 概念与内容

不定期船运营组织是指船公司在一定时期内对船舶生产活动的全面计划和安排，即在一定运输任务的条件下合理选用船舶、航线、港口，制订并实施最优运输组织方案的过程。

不定期船运营组织主要解决以下问题：航次估算、船舶最佳运营航速决策、具体船舶选线决策、具体航次选船决策、具体航次船舶航行线路决策、船舶期租决策、船舶封存决策。

2. 航次估算

某船舶的主要规范如表 8-13 所示。现正洽谈的租船合同条款为：从阿根廷布兰卡港，经过美国夏威夷州（该船计划在夏威夷州的港口添加燃油）到日本横滨港；小麦的积载因数为 48ft^3/t，运价为 40 美元 /t，船方不承担卸货费（FO 条款），装货费为 2 美元 /t，装卸速度为习惯装卸速度（CQD），以港口实际的装卸率为准，佣金为运费的 5%，受载期为 8 月底。该船抵达布兰卡港时存有燃油 396t、船舶备用品 55t，其船舶常数为 70t，燃油、淡水的最低安全储备量为 6d 的消耗量。经调查，布兰卡港、夏威夷州的港口、横滨港三地的燃油价格分别为 185 美元 /t、170 美元 /t、190 美元 /t，预计在港时间分别为 3d、1d、6d，预计港口费用分别为 25000 美元、10000 美元、30000 美元。假设淡水费用忽略不计，该船每天固定费用为 3000 美元。试进行航次估算以确定租船人所报运价是否合适。

表 8–13　　　　　　　　　某船舶的主要规范

载重吨位（t）			货舱容积（ft^3）		每日耗油量（t）			航速（n mile/h）	燃油舱容（m^3）	每日耗水量（t）
冬季	夏季	热带	散装	包装	满载	空载	停泊			
8850	9200	9560	575000	52000	12	10	4	12	900	10

（1）准备所需资料。

①船舶资料：载质量与吃水、散装舱容与包装舱容、燃油消耗定额、满载与空载航速、船舶常数、上航次剩余油料、船舶每天固定费用等。

②货载资料：货物名称、积载因数、载货量、运价、装卸条款、装卸时间等。

③航线资料：上航次卸货港、本航次装卸港、航区气象、本航次装卸港吃水限制。

④油料价格与港口费用等资料：装卸港港口费用、油料价格、航次附加保险费、佣金等。

⑤租船合同：指有关货量、运价、装卸费、佣金、滞期 / 速遣等方面的规定。

（2）计算航次时间。

①计算航行时间。经调查，布兰卡港、夏威夷州的港口、横滨港之间的航程为 7370n mile、3380n mile。据此，可计算航行时间：布兰卡港至夏威夷州的港口的航行时间约为 26 [7370/（12 × 24）≈ 26]d，夏威夷州的港口至横滨港的航行时间约为 12 [3380/（12 × 24）≈ 12] d，合计航行时间取整为 38d。

②确定在港停泊天数。船舶在港时间：布兰卡港装货 3d，夏威夷州的港口加油 1d，横滨港卸货 6d。因此，在港停泊天数为 10（3+1+6=10）d。

③计算航次时间。据此，可计算航次时间为 48（38+10=48）d。

（3）计算实际载货量。

①总载质量的确定。经查《载重线海图》可知，本航线是使用夏季载重线的海区，因而应采用夏季载重吨位。根据小麦的积载因数和散装舱容可知，该船载货量约为 11979（575000/48 ≈ 11979）t。由于该载货量超过该船允许的夏季载重吨位（9200t），故该船允许的总载质量为 9200t。

②燃油与淡水消耗量的确定（布兰卡港至夏威夷州的港口）。该船抵达布兰卡港时存有燃油 396t，在布兰卡港因装货而停泊 3d，燃油消耗量为 12（3 × 4=12）t。该船在布兰卡港开航时存有燃油 384t，刚好满足从布兰卡港航行至夏威夷州的港口。这段航程需要燃油 384 [12 ×（26+6）=384]t、淡水 320 [10 ×（26+6）=320]t，船舶备用品和船舶常数已确定，因此，合计为 829（384+320+55+70=829）t。

③实际载货量的确定。据此，可知实际载货量为 8371（9200–829=8371）t。

（4）计算在夏威夷州的港口应添加多少燃油。

从夏威夷州的港口航行至横滨港所需淡水量为 180 [10×（12+6）=180]t，加之实际载货量、船舶备用品和船舶常数已确定，则合计为 8676（180+55+70+8371=8676）t。因此，该船允许装载的最大燃油量为 524（9200–8676=524）t。

该船驶离布兰卡港时存有燃油 384t，从布兰卡港航行至夏威夷州的港口，燃油消耗量为 312（26×12=312）t，则抵达夏威夷州的港口时存有燃油 72（384–312=72）t，扣除在夏威夷州的港口加油 1d 所消耗的燃油量（4t），最后剩余燃油 68（72–4=68）t。因此，在夏威夷州的港口应添加燃油 456（524–68=456）t，使之在夏威夷州的港口开航时存有燃油 524t。

（5）计算变动成本。

①计算本航次的燃油费用。如前所述，该船抵达布兰卡港时存有燃油 396t，燃油费用为 73260（185×396=73260）美元。在夏威夷州的港口添加燃油 456t，燃油费用为 77520（170×456=77520）美元。因此，燃油费用合计为 150780（73260+77520=150780）美元。

从夏威夷州的港口航行至横滨港，燃油消耗量为 144（12×12=144）t；在横滨港卸货 6d 所消耗的燃油量为 24（6×4=24）t。因此，燃油消耗量合计为 168（144+24=168）t，该船在横滨港的剩余燃油量为 356（524–168=356）t。可得本航次实际燃油消耗量为 496t，本航次的燃油费用为 83140（150780–190×356=83140）美元。

②计算本航次的装货费和港口费用。本航次的装货费为 16742（2×8371=16742）美元，本航次的港口费用为 65000（25000+10000+30000=65000）美元。

（6）计算本航次的固定费用。

本航次的固定费用为 144000（3000×48=144000）美元。

（7）计算航次总成本。

航次总成本为 308882（83140+16742+65000+144000=308882）美元。

（8）确定航次保本运价。

航次保本运价约为 39 美元。计算过程如下：

308882/[8371×（1–5%）] ≈ 39（美元）

可见，如果租船合同中所报运价为 40 美元 /t，对船公司而言应该还有一定的盈利。因此，此合同基本可行。

不过值得注意的是，本合同装卸条款采用 CQD。因此，如果在实际履行过程中没有抓紧船期或遇到一些不可抗力因素而导致整个航次时间延长，则船公司既不能收取相应的滞期费，又将产生过多的港口费用和固定费用。那么，就算本合同中所报运价为 40 美元 /t，也可能面临亏损。

3. 船舶期租决策

船东将具体船舶的租金基价（H/B）与租船市场的期租租价（C/B）进行比较，从而得出判断船舶期租是否有利可图的方法：当 C/B＞H/B，出租盈利；当 C/B ＝ H/B，出租不赔不赚；当 C/B＜H/B，出租亏损。显然，期租租价超过租金基价越多，盈利就越多。反过来说，租金基价越低的具体船舶，在租船市场上的竞争力就越强。

4. 船舶封存决策

船舶封存是指技术状态良好的船舶经过主管部门批准在较长的一段时间内停止使用。判断是否进行船舶封存的经济条件：当船舶运营亏损额小于船舶封存成本，应继续运营；当船舶运营亏损额等于船舶封存成本，视其他情况而定（称为封存点或封存界限）；当船舶运营亏损额大于船舶封存成本，应停航封存。

五、港口运输组织

港口生产作业过程可以用图 8–6 表示。以下从不同的角度说明港口生产作业过程的基本构成。

1. 按在港口生产作业过程中所处地位的主次分类

（1）生产准备过程。

生产准备过程是指港口基本生产活动之前所进行的全部技术准备和组织准备工作，这些工作是确保基本生产过程顺利进行的前提。

（2）基本生产过程。

基本生产过程包括卸船、装船过程，卸车、装车过程，库场作业过程以及港内运输等。

（3）辅助生产过程。

辅助生产过程包括装卸机械的维修保养、装卸属具的维护保养、港口设施的维修和动力供应，以及装船前、卸船后对码头、库场的整理等。

（4）生产服务过程。

生产服务过程是保证基本生产过程和辅助生产过程所进行的各种服务过程。为基本生产服务的有理货业务、仓储业务和计量业务等；为船舶服务的有技术供应、生活必需品供应、燃料供应、淡水供应、船舶检验和修理、压舱污水处理等；为货主服务的有货物鉴定、检验、包装等。此外，它还包括集装箱的清洗与检修、集装箱的固定、港内垃圾和污水处理等。

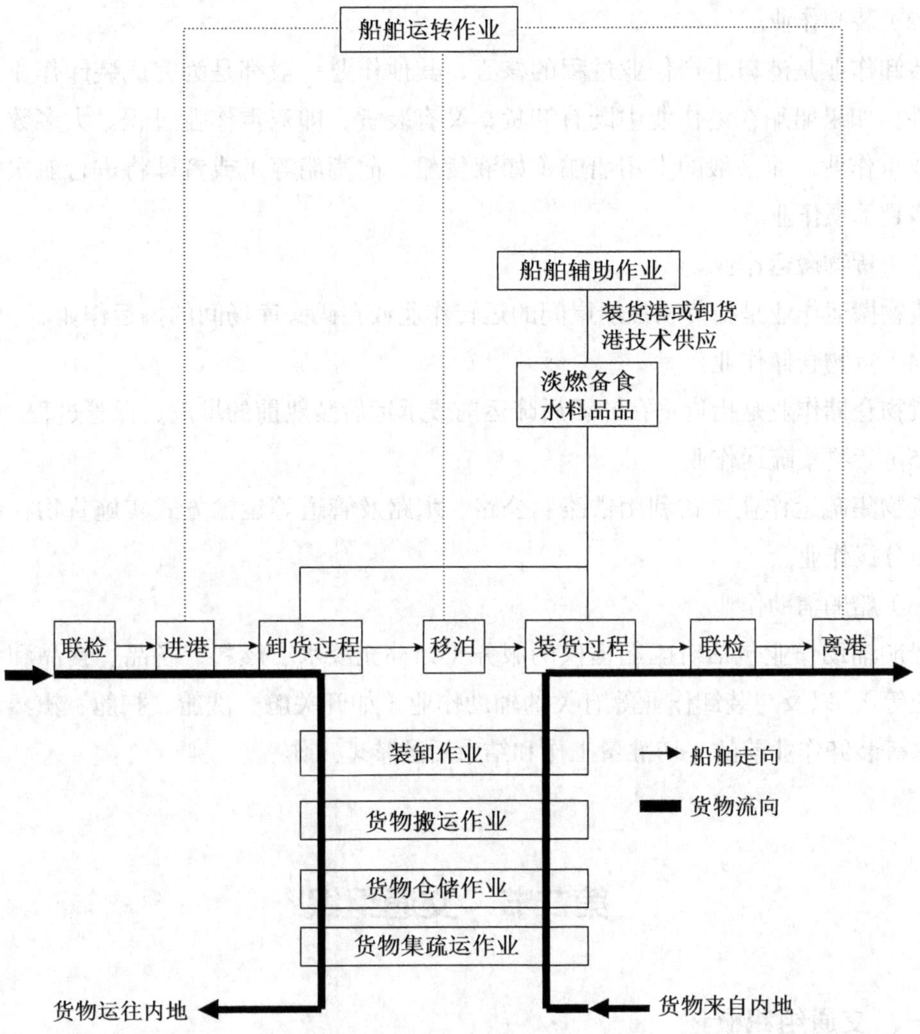

图 8–6 港口生产作业过程

注：对于船舶运转作业，进港中包括引航、起锚、拖带、抛锚、靠泊；移泊中包括引航、起锚、拖带、抛锚、靠泊；离港中包括引航、起锚、拖带、离泊。

2. 按在港口生产作业过程中所处功能分类

（1）船舶运转作业。

船舶运转作业是指港口有关部门利用港口的船舶运转系统（包括锚地、进港航道、泊位及泊位系缆设备等）完成船舶进出港口及靠泊的作业的总称。它主要包括引航、拖带、系解缆、靠离码头（浮筒）等作业内容。联检是联合检查的简称，包括港务监督检查、船舶检验、卫生检疫、海关检查、商品检验、动植物检疫以及边防入境检查等。进港在联检之后，准予进港方请求代理公司办理入港手续，申请引水、租赁拖船，直至船舶靠泊为止。船舶离港也需要办理与之相应的手续。

（2）装卸作业。

装卸作业是港口生产作业过程的核心，其他作业一般都是为完成装卸作业创造必要条件。如果船舶在港作业中既有卸货，又有装货，即双重作业过程。大多数杂货船都是双重作业；而一般的专用船舶（如液货船、散货船等）或者即将进行航次修理的船舶多是单项作业。

（3）货物搬运作业。

货物搬运作业是指货物在船岸间的运转作业或在码头库场间的捣运作业。

（4）货物仓储作业。

货物仓储作业是指货物在卸船后疏运前或承运后装船前的堆放、保管过程。

（5）货物集疏运作业。

货物集疏运作业是指利用铁路、公路、水路及管道等运输方式实施货物在港口的集中与分拨作业。

（6）船舶辅助作业。

船舶辅助作业包括对船舶提供的服务（如补充淡水、燃料、备品、食品和各项技术供应等），以及与装卸作业等有关的辅助作业（如开关舱、洗舱、扫舱、熏蒸、排放压舱水等装卸作业前的一切准备工作和结束后的整理工作）。

第二节　交通组织

一、交通组织概述

1. 交通组织的概念与类型

交通组织（Traffic Organization）是指在一定的道路条件、交通条件、路网条件、控制条件、环境条件下，通过设施科学合理地对交通的流量、流速、流向、车种等进行组织，从而使交通始终处于有序、安全、高效的运行状态。

（1）微观、中观与宏观交通组织。

①微观交通组织。主要任务是冲突点分离或冲突点控制，在信号配时上要分秒必争，在车道渠化上要寸土必争，体现出充分利用空闲时间和空闲面积。

②中观交通组织也称区域交通组织。主要任务是路网交通压力均分，在时间上要削峰填谷，在空间上要控密补稀，体现出矛盾分散、时空均分的原则。

③宏观交通组织。主要任务：通过政策、法规引导交通发展，扩大交通供给，并以控制交通需求为手段平衡交通供需关系，从而避免发生交通供需倒置。

（2）静态与动态交通组织。

在交通工程理论中，把“行”称为动态交通，把“停”称为静态交通，这种划分实际上不够科学。参照系统科学的观点：随时间快变化的事物或过程称为动态；随时间慢变化的事物或过程称为静态或稳态。快和慢只是相对的，没有一成不变的。表现在交通上，地名路名、道路里程、路口间距、路网结构、道路渠化、单行禁左、路边建筑、管理警力、道路设施、停车场泊位数、通行能力等是静态的，不会一天一变；而交通流量、车速、事故黑点、乱点、堵点、停车场泊位占有率等是动态的，时时刻刻都在发生变化。

显然，静态多为管理资源，动态多为管理对象。照此划分，静态交通组织与动态交通组织的内涵与任务如下。

①静态交通组织包括道路渠化、信号相位、单行禁左、警告禁令、指路指示信息提示等，主要解决交通资源配置问题，主要任务是路网各节点不同流向通行能力分配和路权分配。

②动态交通组织包括信号配时、路口间信号协调、诱导信息、监控检测、指挥调度等，主要任务是交通流量分配（或者说是路网各节点的交通负荷分配）以及指挥疏导，确保路网发挥最大效能。

2. 交通组织的作用

伴随着城市的发展、交通方式的多样化、交通基础设施的大规模化，交通组织工作显得越来越重要。在当今复杂的城市交通系统中，没有组织的交通会造成供需比例的失调和交通秩序的混乱，交通的无序还会引发城市交通系统运行中的安全和效率等方面的问题，从而影响城市交通功能的发挥与城市文明品质的提升。由此可见，交通组织是现代社会发展与城市化进程中一项重要的基础性工作，体现交通先行与系统思维的科学理念，其任务是确保交通有序、安全、畅通。

目前，我国城市交通组织一般是由公安机关交通管理部门根据既有路网、道路的交通流量和流向以及道路的宽度而进行的。当交通条件发生明显变化时，要求及时跟进并进行城市交通组织优化调整。它既要有前瞻性地落实到城市规划、交通规划、交通设计环节中，又要有连续性地贯穿到城市建设与管理环节中，并应该适时在交通变化与环境变化中不断优化调整。

（1）规划设计阶段。城市交通问题的产生是城市发展过程中多种影响因素日积月累的结果，这期间规划设计阶段的影响尤为重要。交通组织思想理念的缺失会导致其前瞻性不能落到实处，实践中只能是干完了再想，而不是想好了再干，从而对交通的负面影响作用日益堆积叠加直至积重难返，最终形成影响城市可持续发展的行路难、停车难等城市病。

（2）建设管理阶段。受前面环节交通组织思想理念缺失的影响，建设管理阶段出现了以下问题：一是城市交通组织以机动车为主，忽略了非机动车和行人的交通组织；二是建设项目开口或道路开口位置设置不合理，有的距离路口太近，驶入道路的机动车需要连续并线进入最内侧车道左转或掉头；三是公交站台位置设置不合理，有的公交站台设置在路口进口侧且离路口偏近，公交车停站后需要并线进入左转车道，严重影响正常行驶的机动车。

（3）日常运行阶段。城市交通系统运行是一个动态变化的过程，目前我国城市交通普遍存在"院前（医院门口）堵、校前（学校门口）堵"的现象，其客观上反映了医院、学校及其周边道路在规划设计阶段时没有充分考虑这种需求动态变化的特点，同时日常应对管理还未能建立并完善长效机制。其他交通堵点、乱点也是"此消彼长、如出一辙"，城市交通组织优化调整措施难以及时跟进实施，只能是亡羊补牢、治标不治本。

3. 交通组织的原则

（1）交通工程技术原则。

交通工程技术原则可细分为交通时空分离原则、交通连续原则、交通负荷均分原则、交通总量控制原则、置右原则、优先原则。其中，优先原则是指对某一种交通流给予特殊待遇，有车种优先及流向优先，如小型汽车专用车道、公交专用车道及直行车流优先、主路或环岛内车流优先等。

（2）交通组织思想方法原则。

交通组织思想方法原则可细分为换位思维原则、通行能力资源配置原则、路权分配原则、动静态交通组织相结合原则、渐变原则以及以人为本、方便出行原则。

二、交通组织内容

1. 微观交通组织

微观交通组织包括路口交通组织、路段交通组织、路口路段一体化交通组织。

微观交通组织的重点是冲突点分离、通行能力分配和路权分配。微观交通组织的主要内容如下。

（1）平面交叉路口放行方法的确定。

综合考虑机动车、非机动车、行人通过路口时的通行权、先行权、占用权要求，平面交叉路口放行方法有时间分离法、空间分离法和时空分离法。时间分离法设立单独的非机动车信号灯，适用条件为行人流量大、机动车流量适中、非机动车流量小的路口。空间分离法不设单独的非机动车信号灯，只设机动车信号灯和行人信号灯，适用于路口面积大、非机动车与机动车流量大的路口。时空分离法的实质是为了减少左转弯非机动车流对直行机动车流通过路口的影响，在路口中间划定一块面积为非机动车禁驶区，左转弯非机动车在区外二次停车待驶，让直行机动车先行通过，适用于两相位信号、路口面积较大、非机动车与机动车流量都较大的路口。

（2）平面交叉路口的渠化。

路口交通组织实际上解决通行能力分配和路权分配问题。通过路口渠化确定路口不同流向上的通行能力和不同种类交通流的路权。路口交通组织的重点是冲突点分离，必要时可以通过渠化移动冲突点的位置或转变冲突性质。但要注意，标线渠化的作用是明确不同交通流的空间路权，重点是控制冲突点的位置；而信号相位的作用是明确不同流向、不同种类交通流的时间路权，重点是控制冲突点上冲突现象的发生。对于在时空上无法控制的冲突点，则要派交通警察加以控制。因此要根据不同条件、不同对象，注意标线渠化与信号相位的整体性，尽可能用技术与设施解决好冲突问题，减轻交通警察的管理压力。对于路口交通组织的基本要求是：尽量拓宽路口，增加进口导向车道与出口车道，使之与路段行车道的通行能力相匹配；尽量在车道渠化上做到寸土必争，在信号配时上做到分秒必争，不让路口出现空闲时间和空闲面积；尽量简化标线和信号，使之能明确地突出空间路权和时间路权；尽量完善标志信息，使驾驶员有充分的反应时间。常用设施主要为交通标志、标线、信号灯等。其涉及车道宽度、设施规范化应用、车道数匹配、流向连续、机非分离、左转弯导向车道设置等问题。

（3）停让行控制及路口信号控制。

①停让行控制包括标志标线配合、设置条件。

②路口信号控制包括信号相位、信号相序、信号配时的确定。其中，信号相位是根据放行方法和路口渠化条件确定的；信号相序是根据路口内冲突情况和路口内空闲时间最少的要求确定的；信号配时是根据各流向上到达的流量情况确定的。

（4）环岛交通组织。

环岛的通行能力通常很低。一般流量小于 2000 辆 /h，不会堵车。一旦超过这个数值，很快就会引起交通拥堵，甚至交通瘫痪。因此，环岛仅是非饱和交通的产物，不适合用于饱和交通条件，特别是我国这种混合交通构成的条件。缓解环岛交通拥堵的有效办法是加信号灯进行控制，一般按进口控制和出口控制两种方式来进行环岛信号控制。

（5）立交桥交通组织。

立交桥交通组织包括路桥结合部交通组织、主路进出口交通组织、桥体本身的交通组织。

①路桥结合部交通组织。其重点是路桥结合部的车道匹配问题。路段与立交桥是一个整体，路段交通组织不好，势必会把矛盾都挤向立交桥。反之，立交桥矛盾过于

集中时，也可将其分散到路段上解决，简化立交桥的交通组织。多股车流争抢较少车道的问题采取拓宽变速过渡车道、隔离的方法解决。

②主路进出口交通组织与桥体本身的交通组织。出口在立交匝道口上游开口，变立交匝道口交叉冲突为辅路交织冲突。如果路段上不具备新开主路进出口的条件，则进行桥体交通渠化，把发生在立交匝道口处的交叉冲突点转移到匝道中部并转换成交织冲突点。辅路涉及多个路口时，主路进出口可考虑先进后出方式，标线合理设置。主路是否拥堵，源头在辅路；辅路是否拥堵，源头在路口。

（6）路段交通组织。

路段交通组织包括路口路段结合部车道组织、路段行车道组织、行人过街组织、公交组织、掉头组织和路侧停车组织。

2. 中观交通组织

区域交通组织解决的是路网中一块范围的“心肌梗”，其重点是在区域内部以微观调整和时间上的削峰填谷为主，在区域外部以空间上的控密补稀为主，使路网交通负荷均分。科学的区域交通组织应该做到路权明确、流向顺畅、流线轨迹无交叉冲突。

区域交通拥堵的形成原因是复杂的，有拥堵范围扩散造成的拥堵，有区域超强度开发引起的拥堵，还有路网分布组织不合理造成的拥堵等，这些都可以通过区域交通组织加以解决。

由于区域可以被看成一个放大了的节点，因此，可以按照微观交通组织的思路进行区域交通组织。区域交通组织的方法主要包括单行、禁限、流向引导、信号组织等，但究竟选用什么方法进行区域交通组织，不能完全依靠交通工程理论来决定，而是以交通工程理论为指导，整合不同的交通组织方案来实现。在相当大的程度上，这取决于对区域交通特点和规律的认识。一个好的交通组织方案不是技术方法的组合，而是技术手段对思想方法的体现。其中，技术手段是武器、工具，而思想方法是战略、战术。用什么武器打什么仗，做到武器、工具、战略、战术的高度统一。

3. 宏观交通组织

宏观交通组织侧重于战略上的组织，而中观、微观交通组织侧重于战术上的组织。

（1）交通需求控制。在城市发展政策上控制规模指标，达到交通需求控制目的并进行交通影响评价。

（2）“以静制动”控制。交通拥堵表现在“行”上，却往往由“停”来引起。因此，在交通互动关系中，动态交通与静态交通的互动至关重要。

（3）公共交通优先政策。把低运输效率的个体交通转变成高运输效率的集约化交通，公共交通是宏观交通组织的一项重要工作内容。

（4）交通环保政策。老旧破车的车况差、故障率高、事故隐患多，是造成事故或发生拥堵的高发群体。通过适当的交通环保政策使其报废更新，这对缓解市区交通拥堵、防止交通事故发生起到了积极的促进作用。

（5）经济调控政策。通过差别化收费、分时段收费等经济手段，遵循价格杠杆和经济规律进行调控，往往比单纯使用行政手段更为有效。

（6）交通流错峰。交通流错峰是实现时间上削峰填谷的有效手段。例如，行政错峰、经济错峰。

第九章　交通运输管理

第一节　运输管理

一、运输管理概述

（一）运输管理的概念与范围

1. 运输管理的概念

运输管理主要是指对运输行业及企业生产的指导或导向，包括运输行业管理和运输企业管理两个方面。

（1）运输行业管理，也称运输行政管理，是指政府的管理部门制定规划、方针和政策，颁行有关法令和规章管理运输行业，其管理对象是整个运输行业。

（2）运输企业管理是指运输企业建立必需的管理机构和规章制度，利用一定的手段来计划、组织、指挥和监控运输业务的经营，以达到提高效率、降低成本的目的。显然，运输企业管理的核心是如何高效地进行运输组织工作。

鉴于运输企业管理的核心内容——运输组织已在上一章予以介绍，因此，以下所称的运输管理特指运输行业管理。

2. 运输管理的范围

（1）运输基础设施规划与建设管理。即对拟建的运输基础设施进行规划、立项、审批、修建等方面的管理。

（2）运输基础设施维护管理。即对已投入使用的运输基础设施实施的各项管理，包括路政、航政、港政管理等。

（3）运输市场管理。它包括制定管理运输市场的政策、法规，审核参加客货运输及其相关业务的企业或个人的开业或停业条件并核发经营许可证等。

（4）运输安全管理。它包括两个部分，一是属于社会治安性质的交通安全管理，包括交通安全教育、交通指挥、交通秩序维护、交通事故调查与处理等；二是交通安全技术管理，包括运输工具检验、驾驶员考核、发牌发证、交通安全设施的设置与维护等。

（二）运输管理的主体与层次

1. 管理主体

（1）交通运输部。

交通运输部的主要职责是拟订并组织实施公路、水路、民航等行业规划、政策和标准，承担涉及综合运输体系的规划协调工作，促进各种运输方式相互衔接等。

交通运输部司局子站包括办公厅、政策研究室、法制司、综合规划司、财务审计司、人事教育司、公路局、水运局、运输服务司、安全与质量监督管理司、科技司、国际合作司、机关党委、离退休干部局、中国海上搜救中心。

交通运输部部属行政机构包括交通运输部海事局（中华人民共和国海事局）、交通运输部长江航务管理局、交通运输部珠江航务管理局。交通运输部部属事业单位包括交通运输部救助打捞局、中国船级社、交通运输部职业资格中心、交通运输部机关服务中心、大连海事大学等。

交通运输部部管国家局包括国家铁路局、中国民用航空局、国家邮政局。

（2）相关组织。

国际组织包括国际海事组织（IMO）、国际铁路运输政府间组织（OTIF）、铁路合作组织（简称铁组）、国际道路运输联盟（IRU）、国际民用航空组织（ICAO）、国际航空运输协会（IATA）以及国际货运代理协会联合会（FIATA）等。

国内组织包括中国物流与采购联合会（CFLP）、中国交通运输协会（CCTA）、中国航空运输协会（CATA）、中国道路运输协会（CRTA）等。

2. 管理层次

运输管理机构通常分为决策层、中间层及执行层三个层次。比如，交通运输部、省级运输管理机构为决策层，县级运输管理机构为中间层，乡级运输管理机构为执行层。

二、运输管理模式

（一）“大部制”与“协调机制”

1.“大部制”

该模式以美、英、德等国家为代表，主要特点是建立综合的交通运输部门，统管全国的各类运输事务和交通安全工作。警察所属部门则主要负责交通安全方面的执法，与交通运输部门职责分工明确，彼此相互配合。

（1）优点。该模式能够一步到位完成改革，全面厘清综合交通运输体系建设的职责边界，真正形成“大交通”格局。

（2）缺点。该模式涉及相关职能部门的职责整合，尤其需要面临平衡国家事权与地方事权等复杂问题。

2. “协调机制”

这种模式以法、澳、日等国家为代表，主要特点是成立由交通运输相关部门共同组成的专门协调机构（如交通安全委员会），它负责制定全国的交通安全战略规划，协调各部门开展工作，监督和评估各部门的工作成效。警察所属部门主要负责交通安全执法和教育等工作。

（1）优点。一是该模式仅在规划与协调职责上重新界定，各职能部门既有格局基本得以维系，改革阻力较小、可行性强；二是该模式依托专门协调机构，有助于抓住关键环节，可尽快实现多种运输方式融合发展。

（2）缺点。由于未涉及体制问题，“协调机制”能够解决的问题相对有限，难以适应综合交通运输体系发展的一体化要求，这只能是过渡阶段的模式。

（二）两种模式在我国的应用情况

1. 国家层面：“大部制”

2013 年中央启动“大部制”改革以来，交通运输部围绕构建综合交通运输体系的发展要求，基本建立了完善的管理体制和工作机制。现在的交通运输部管理国家铁路局、中国民用航空局、国家邮政局，负责统筹规划铁路、公路、水路、民航以及邮政行业发展，承担综合交通运输规划、战略、政策、法律法规和标准的拟订及起草职能。

2. 地方层面：模式并存

全国已有 26 个省（区、市）启动了综合交通运输体制机制改革，主要改革模式有两种：“大部制”和“独立部门并建立相互协调机制”。改革进程可分为三个梯队。

第一梯队是实施“大部制”改革的省份，主要有天津、上海、江苏、云南等 10 个省（区、市），初步构建了铁路、公路、水路、民航等各运输方式统筹管理体制。

第二梯队是浙江、北京、甘肃、宁夏等 16 个省（区、市），通过赋予交通运输厅综合交通运输协调职能或成立省级综合交通运输体系协调领导小组等方式，建立省级综合交通运输协调机制，促进各运输方式统筹发展。

第三梯队是江西、四川、内蒙古、新疆和贵州，依然维持原有体制机制。

总体而言，我国综合交通运输体制机制改革主要面临两大难点。

（1）职能整合阻力大。综合交通运输体系涉及发改、城建、自然资源、公安、司法、邮政、商务、交通等众多部门，既有地方事权，也有中央事权，体制复杂、涉及面宽，各职能部门阻力比较大。

（2）整合边界难厘清。综合交通运输体系涉及的领域边界十分宽泛，既有硬件连通，又有软件联系，相互间既有关联，又有交叉，整合边界不好界定。各省（区、市）整合的职能和方案不尽一致，职能整合不到位可能达不到效果，整合范围和边界过宽，又可能出现新的交叉错位，产生新矛盾。

三、运输政策

1. 运输政策的概念与目的

运输政策是指以国家社会利益为前提，根据当前运输环境需要制定的，具有前瞻性、开创性、规范性和整体性的，为指导、影响运输活动所规定并付诸实施的准则和措施。

制定运输政策的目的如下。

（1）政府利用行政权力为运输市场的运行、发展创造必要条件并提供多方位服务。

（2）政府依法对运输市场进行管理和监督，通过协调全社会运输活动中的各种社会经济关系等，达到发展运输、促进国家经济发展的目的。

2. 运输政策的表现形式

运输政策可以有很多种表现形式。它可以是国家集团（联盟）的决议，也可以是国家和省市的法律、法令、法规，还可以是政府物流管理部门单独或与其他部门联合发布的公告、通告、规定、办法、规划（计划）、白皮书、方针、标准、纲要、意见、建议、措施等。

3. 运输政策的类型

基于不同的角度，运输政策有不同的类型。

（1）按层次划分，可分为国家政策、地方政策。

（2）按范围划分，可分为通用政策和专用政策。

（3）按规范程度划分，可分为国际公约、法律、行政法规、地方性法规、部门规章。

4. 运输政策的内容

（1）运输管制政策。

运输管制政策是指政府基于社会公众利益或国家经济发展政策的需要，对运输企业行为所制定的规范以及对运输企业经营活动所实施的监督性政策。

运输管制政策实际上是一种间接介入性政策，其目的是促进运输企业整体发展，提高资源的使用效率，避免不公平的差别待遇，以及避免不合理优惠或毁灭性的竞争行为，以此达到维护公众利益与安全的目的。

基于国情不同，目前各国运输管制措施也有所不同，但大多集中在对运价、航线分配、货运分配、财务和业务监督、船员管理、载运工具运营等方面的管制，具体涉及六种管制类型：经营许可管制、价格管制、服务品质管制、对垄断的管制、对运输劳动者保护的管制以及对交通安全、交通拥挤与交通污染的管制。经营许可管制、价格管制、服务品质管制、对垄断的管制属于经济管制，是政府为实现一定的经济目标而对运输行业实施的管制措施，其基本出发点在于控制垄断行为、防止不合理竞争。其中，经营许可管制、价格管制和服务品质管制是为防止不合理竞争所采取的管制措施。对运输劳动者保护的管制既属于经济管制，也属于社会管制；对交通安全、交通拥挤与交通污染的管制属于社会管制，是政府为实现一定的社会目标而对运输行业实施的管制措施。

（2）运输保护政策。

运输保护政策是指为了保护本国的运输行业，维护本国运输企业利益而制定的一系列具有一定优惠待遇的政策。

以海运为例，海运保税政策主要表现为以下几个方面。

①保留货载。即规定了外国进出口货物由本国船舶承运的货物比例。保留货载的原因：一是为避免过分竞争，稳定航线上的运价；二是出于国家经济和政治目的，或为维护特定船公司的权益。

②对外国航运企业的管理和限制。通过管理和限制外国航运企业在本国航运市场上的活动，以达到保护本国航运业的目的。例如，《中华人民共和国海商法》规定：中华人民共和国港口之间的海上运输和拖航，由悬挂中华人民共和国国旗的船舶经营。但是，法律、行政法规另有规定的除外。非经国务院交通主管部门批准，外国籍船舶不得经营中华人民共和国港口之间的海上运输和拖航。

③差别税率制。这是指对不同的船舶实行不同的税率，如本国船舶或与本国签订贸易和通航协定的国家的船舶，可享受优惠税率。

④沿海国领海救助优先权。这是指凡外国籍船舶欲在沿海国领海进行救助时，必须征得该沿海国的批准，沿海国船舶在领海内的救助有优先权。

⑤运费税收制。这是指为了保护本国的航运业，在确立本国的沿海运输权的同时，对必须由外国籍船舶承运的货物，征收运费税的制度。

⑥船员劳务市场保护。这是指为保护本国船员利益而限制使用外国船员的制度。

⑦航运补贴。这是指对本国航运业提供各种补贴和优惠政策。

⑧防止航运诈骗。如规定利用伪造单证诈骗得逞时，议付银行仍有权要求开证银行划拨货款、强调保函或其他有效单证等。

第二节　交通管理

一、交通管理概述

1. 交通管理、交通控制及交通管制的概念

（1）交通管理。

交通管理是指按照既定交通法规的规定和要求，运用各种手段、方法和工具合理限制并科学组织、指挥交通的统称。例如，道路交通管理是指根据有关交通法规和政策措施，采用交通工程科学与技术对交通系统中的行人、车辆、道路和环境进行管理，特别是对交通流合理引导、限制、组织和指挥，以保障交通安全、有序、畅通、高效；空中交通管理是指利用通信、导航技术和监控手段对飞机的飞行活动进行监视和控制，保证飞机安全且有序地飞行。

（2）交通控制。

交通控制，也叫交通信号控制或城市交通控制，就是依靠交通警察或采用交通信号控制设施，随交通变化特性来指挥车辆和行人的通行。

显然，交通管理与交通控制均是为了改善交通运行状况，解决交通拥堵、事故及污染等问题而对道路和道路上的行人与车辆进行的管理。二者区别在于：一是管理依据不同，交通管理依据交通法规和政策措施，而交通控制依存于交通规律；二是执行手段不同，交通控制通过交通信号控制设施和交通警察对交通系统进行管理，而交通管理主要通过 ITS 技术等控制交通流。

（3）交通管制。

交通管制是公安机关交通管理部门根据法律、法规，对车辆和行人在道路上的通行以及其他与交通有关的活动所制定的带有疏导、禁止、限制或指示性质的具体规定。一般是在集会游行、大型运动会、道路桥梁建设、救灾抢险、执行重要警卫任务等情况下对交通行为实行的限制，主要是临时性的规定。实行交通管制后，市民应该遵守管制通告并积极配合公安机关交通管理部门的工作。

2. 交通管理原则

（1）交通分离原则。让道路上不同种类、不同流向的交通流在时间、空间上分离，从而避免发生交通冲突。

（2）削减交通总量原则。通过交通管理措施限制一部分车种上路行驶，从而削减交通总量，使行车时间最短、行驶距离最长。

（3）交通连续原则。保证大多数人的交通活动在时间、空间、交通方式上不会产生间断。

（4）交通量均分原则。合理地使用现有道路，科学地调节、疏导，使路网各处交通负荷均匀。

（5）优先原则。包括按汽车流向优先和按汽车种类优先。

（6）置右原则。按从左至右，交通流速度依次降低的原则安排车道。

3. 交通管理的演变与发展

（1）传统交通管理。汽车交通出现初期，传统交通管理的核心问题主要是交通事故。治理交通，主要是避免因汽车交通的出现而引起的频繁交通事故，保障交通安全。采取的管理措施主要包括有针对性的分道行驶、限制车速、在交叉口指挥相交车辆运行等。

（2）“按需增供”管理。如果以治理交通事故为目标的交通管理称为传统交通管理，以修建新路为主并配以提高老路通车效率的交通管理，则称为“按需增供”管理。随着汽车交通量的增长，除了交通事故增加，还出现了交通拥堵现象。为此，在交通管理上，除交通安全外最现实的目标就是缓解交通拥堵，提高道路交通的通行效率。采取的管理措施是修建新路，单向交通、变向交通，利用科技新成果改善交叉口及交通信号等控制办法。

（3）交通系统管理（Transportation System Management，TSM）。随着科学技术、系统工程、计算机技术的应用，治理交通事故的理念从增建道路满足交通需求转向以提高现有道路交通效率为主，即出现了“交通系统管理”的新方法。

（4）交通需求管理（Transportation Demand Management，TDM）。这是交通管理观念上的一次重要变革：从增建道路满足交通需求转变为对交通需求加以管理、降低其需求量以适应已有道路交通设施能够容纳的程度，即改“按需增供”为“按供管需”，达到交通建设可持续发展的目的。

二、交通管理内容

不同运输方式下的交通管理内容略有差别。以道路运输和航空运输为例予以说明。

1. 道路交通管理的内容

道路交通管理包括交通规划、交通控制和交通服务三个方面的内容。

（1）交通规划。其主要包括在一定时期内管理与维护交通信号、交通标志和道路标线等，如安装信号设施、监测交通发展动态。

（2）交通控制。其主要包括路口、出入口交通控制，道路网络交通控制，路段和高速道路交通控制等。

（3）交通服务。其主要包括驾驶员培训与发证、车辆检测、法制管理等。

2. 空中交通管理的内容

空中交通管理包括空域管理、空中交通流量管理和空中交通服务三大部分。

（1）空域管理。

空域通常划分为机场飞行空域、航路、航线、空中禁区、空中限制区和空中危险区等。空域管理和飞行任务需要的，可以划设空中走廊、空中放油区和临时飞行空域。

机场飞行空域应当划设在航路和空中走廊以外。仪表（云中）飞行空域的边界距离航路、空中走廊以及其他空域的边界，均不得小于10km。

等待空域通常划设在导航台上空，飞行活动频繁的机场，可以在机场附近上空划设。等待空域的最低高度层距离地面最高障碍物的真实高度不得小于600m。8400m以下，每隔300m为一个等待高度层；8400~8900m，每隔500m为一个等待高度层；8900~12500m，每隔300m为一个等待高度层；12500m以上，每隔600m为一个等待高度层。

（2）空中交通流量管理。

空中交通流量管理（ATFM）是指有助于空中交通安全、有序和快捷地流通，以确保最大限度地利用空中交通管制服务的容量并符合空中交通服务当局公布的相关标准和容量，而设置的服务。空中交通流量管理的目的主要是在需要和预期需要超过空中交通管制（ATC）系统的可用容量期间内，为空中交通的安全、有序和流量的加速提供服务，确保最大限度地利用容量，保证空中交通最佳地流向或通过这些区域，为飞机运营者提供及时、精确的信息来规划和实施一种经济的空中运输，从而尽可能准确地预报飞行情报以减少延误。

（3）空中交通服务。

空中交通服务（Air Traffic Service，ATS）是指对航空器的空中活动进行管理和控制的业务，是空中交通管制服务、飞行情报服务和告警服务的总称。提供空中交通管制服务旨在防止民用航空器同航空器、民用航空器同障碍物体相撞，维持并加速空中交通有序活动；提供飞行情报服务旨在提供有助于安全、有效实施飞行的情报和建议；提供告警服务旨在当民用航空器需要搜寻援救时，通知有关部门并根据要求协助该部门进行搜寻援救。

三、交通管理特点

1. 水路交通管理特点

（1）基础性。当今世界的海洋活动绝大多数是以船舶为载体的，海上交通是人类海洋活动的外部表征，因此水路交通管理是国家管理海洋活动的基础。

（2）先导性。海上贸易是不同国家和地区间交往的重要起源，而海上交通是实现海上贸易的前提。全球重要城市大多起源于沿海商埠、码头、港口，许多城市至今依然秉承着“以港兴市”的理念。

（3）特殊性。由于气象、海况瞬息万变，相较于道路、铁路和航空运输，海洋活动具有特殊风险。另外，海运行业几百年来形成了一系列特殊的惯例，且大多数惯例已上升为法律、规则。

（4）国际性。海上交通主要服务于沿海国家的国际贸易运输，所以从一开始就具有很强的国际性，特别是近现代国际社会建立了统一的国际法律体系，航行世界各地的各国船舶须遵循统一的行为准则和标准。依据《联合国海洋法公约》,《中华人民共和国海上交通安全法》是重要的国内法，其效力是普遍涉外的。

2. 铁路交通管理特点

（1）系统化。

铁路运输安全管理工作并不是独立的系统，其安全问题涉及铁路运输生产的各个环节，同时渗透铁路技术系统，覆盖范围广、结构复杂。正是这一特性赋予铁路运输安全管理工作极强的系统化，为了保证管理效率，必须建立系统化管理机制，囊括各个铁路运输生产环节的安全工作，进而保证铁路交通运输的高效运行。

（2）动态化。

由于铁路交通运输大部分时间处于位移状态，时空的变换提高了铁路交通运输的安全风险，并衍生出大量不可控因素，使铁路交通运输中发生意外事件和非正常情况。对此，为了保证铁路交通运输安全，其安全管理也具备动态化特点，对铁路交通运输实行动态化监测，最大化控制不稳定的安全风险因素，进而最大化保证铁路交通运输安全。

（3）复杂化。

就本质而言，铁路交通运输系统在日常运输中属于全天候、开放型作业。影响铁路交通运输安全的因素有很多，它不仅受到内部管理、人员以及设备等方面的影响，同时也受到自然环境与社会环境的影响，使得保障铁路交通运输安全的管理也具备一定的复杂化。除此之外，在客运高速化和货运重载化发展背景下，加大铁路技术系统的复杂程度，安全风险概率也随之增加，使得铁路运输安全管理工作越发艰巨。

3. 道路交通管理特点

道路交通具有路网密集、交叉点多、参与者多等特点。因此，对道路交通的管制除了应建立交通规章、指定优先路向外，还应专门设置交通警察来指挥交通。

（1）对“人”的管理。“人”是交通问题的核心。国内外交通事故大多是由“人”的因素造成的。对“人”的管理中，主要对象是驾驶员，因为被驾驶的车辆是道路交通上最强势的群体，而行人是道路交通上最弱势的群体，道路交通管理首先要保障行人的安全，要求驾驶员以合格的驾驶技术在道路上正确地驾车运行。

（2）对“路”的管理。“路”是交通使用者赖以通行的基础，是交通使用者通行环境的主要组成部分。国内外统计资料表明，有的交通事故是由于不安全的道路条件或道路使用不当造成的。对“路”的管理，主要是要保证道路能为交通所用，并让交通使用者能正确使用道路。

（3）对“车”的管理。若车辆运行安全设施性能低劣，则在行驶中可能出现机件故障所造成的交通事故。对“车”的管理，主要是针对车辆运行安全设施性能，应当进行经常性的监督、检查与维护，以保证车辆的安全行驶。

（4）对“环境”的管理。“环境”主要是指道路周围的环境。“环境”对于驾驶员驾车具有重大的影响。譬如街角的树、杆、牌等各类阻挡驾驶员视线的杂物，它们会使驾驶员视距缩短，这都足以成为引起交通事故的因素。

4. 空中交通管理特点

（1）国家垄断性。

空域作为一种特殊资源，具有国家垄断性。空中交通服务与国民经济、国家空防安全、政治、军事、外交等多个方面具有密切的联系，其高度的国家垄断性显而易见。

（2）高投入与高技术。

空中交通管理系统的基础建设需要巨额的资金投入，同时空中交通管理系统不但涵盖高技术，而且技术范围广也是其特点之一。

（3）高风险与高责任。

空中交通管理工作的职责决定了空管人员必须承担重大的风险和高度的责任。

（4）国际一致性。

民用航空活动一经产生便具有国际性，有关民用航空活动的空中规则与空中交通服务已被世界各国承认。因此，就国际空中航行而言，世界各国在管理标准、工作标准和技术标准方面具有一致性。

（5）整体协同性。

空中交通管理作为一项系统工程，必须由国内外相关方协同管理、共同维护。

四、交通管理体制

（一）水路交通管理体制

我国水上交通安全管理机制由水上交通安全监督管理和搜救应急指挥两大机制构成，中央政府和地方政府分别履行相应职责。水上交通安全监督管理由各级海事机构负责，原交通部直属海事系统行使中央事权水域内安全监督、防止船舶污染、船舶及海上设施检验、航海保障管理和行政执法等职责。水上搜救应急指挥机制由国家海上搜救部际联席会议负责，中国海上搜救中心（现设在交通运输部）负责国家海上搜救部际联席会议的日常工作，协调指挥全国海上搜救应急反应工作。国家专业救助打捞队伍隶属于原交通部，下设北海、东海、南海三个救助局、一个飞行中心和烟台、上海、广州三个打捞局，承担水上人命救生、海上消防、海上溢油应急清除、特殊政治军事抢险以及船舶财产救助、沉船沉物打捞等任务。

（二）铁路交通管理体制

（1）国务院铁路主管部门主管全国铁路工作，对国家铁路实行高度集中、统一指挥的运输管理体制。

根据《国务院机构改革和职能转变方案》和《国务院关于组建中国铁路总公司有关问题的批复》（国函〔2013〕47号）的规定，组建国家铁路局，由交通运输部管理，负责拟订铁路技术标准，监督管理铁路安全生产、运输服务质量和铁路工程质量等，依法对国铁集团进行行业监管。

（2）国务院铁路主管部门对地方铁路、专用铁路和铁路专用线进行指导、协调、监督和帮助。

（3）《中华人民共和国铁路法》规定，铁路沿线各级地方人民政府应当协助铁路运输企业保证铁路运输安全畅通，车站、列车秩序良好，铁路设施完好和铁路建设顺利进行。

这就从铁路运输的内部关系和同各级地方人民政府的外部关系两个方面，确定了铁路交通管理体制。

（4）铁路公安承担维护铁路治安、打击刑事犯罪、保证铁路内部安全、消防监督管理等职责。

铁路公安警种繁多，大体可概括为：乘警、线路警察、车站警察。铁路公安系统按级别依次分为铁路公安局、铁路公安处（铁路公安分处）、车站派出所（车站公安段）。它们共同维护铁路交通安全。

（三）空中交通管理体制

1. 世界各国的空中交通管理体制

目前，世界各国都在围绕“安全、效益、环境”和“军民航同步一体发展”两大主题，探索建立符合本国国情的空中交通管理体制。概括起来，大致分为以下三种模式。

（1）统一管制模式。由一个单一的机构领导全国空管工作，对管辖范围内所有飞行活动进行强制性的管理与控制。美国、俄罗斯、巴西、德国、加拿大和日本等国采用这种模式。按照组织形式，统一管制又分为政府统管、军方统管和企业统管三种。

（2）军民航联合管制模式。由军民航在一个机构内以合署办公的方式联合实施空管工作。英国、印度等国采用这种模式。英国由国防部和运输部联合领导全国空管工作，通过英国国家空中交通服务有限公司，为英国管辖空域内的军民航飞行活动提供空中交通管制服务。

（3）军民航协调管制模式。由军民航分别建立空管体系，组织实施空管工作，按照职责分工提供相应的空中交通管制服务，国家建立相应的协调机制，解决军民航之间的重大飞行矛盾和问题。法国和南非等国采用这种模式。

2. 我国空中交通管理体制

根据《中华人民共和国飞行基本规则》的规定，国务院、中央军事委员会空中交通管制委员会（简称国家空管委）领导全国的飞行管制工作；我国境内的飞行管制，由中国人民解放军空军统一组织实施，各有关飞行管制部门按照各自的职责分工提供空中交通管制服务。国家空管委办公室负责全国空域管理工作，掌握空中交通管制情况。中国人民解放军空军负责监督全国飞行活动。中国民用航空局负责提供航路航线等空中交通管制服务，协商划定民用机场区域，提出划设航路航线、飞行情报区和民航管制区方案。

我国实行“两条主线、三级管理”的组织结构，以空中交通管制的资源（如人、财、物等）管理、技术标准与系统运营的管理业务为主线；中国民航空管系统现行行业管理体制为中国民用航空局空中交通管理局（简称民航局空管局）、地区空管局、空管分局（站）三级管理。

（四）道路交通管理体制

目前，道路交通管理涉及交通运输部、公安部等多个部门，我国典型交通管理体制如图 9-1 所示。交通系统主要由交通基础设施系统、交通运输系统以及交通控制系统三个部分组成，相应地，交通管理体制通常也按交通系统的组成结构来设置机构并划分相关职责。一般来说，从中央、省到市，由住房和城乡建设、交通运输、公安三个系统承担交通管理职能。住房和城乡建设系统具有城市道路、城市公共服务等方面的管理职能，交通运输系统具有公路设施、公路客货运输等方面的管理职能，而公安系统则具有交通秩序、交通控制等方面的管理职能。

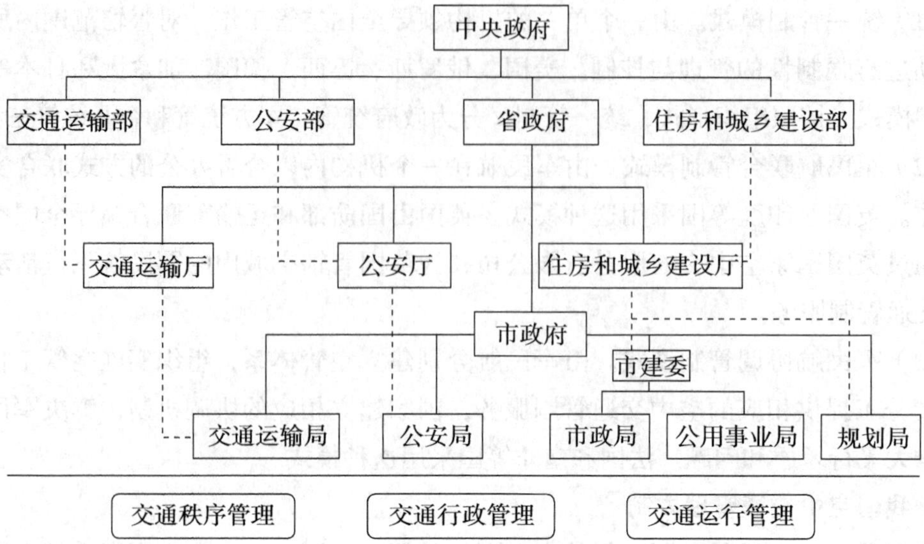

图 9-1 我国典型交通管理体制

注：此图为作者根据我国整体概况绘制，图中一些部门、机构等的名称为简称或统称。虚线表示业务指导，实线表示直接领导。

国务院公安部门负责全国道路交通安全管理工作。县级以上地方各级人民政府公安机关交通管理部门负责本行政区域内的道路交通安全管理工作。县级以上各级人民政府交通、建设管理部门依据各自职责，负责有关的道路交通工作。例如，交通安全宣传教育、交通指挥、维护交通秩序、处理交通事故、车辆检验、驾驶员考核及发牌发证、路障管理以及交通标志标线等安全设施的设置与管理。

五、交通管理法规

1. 交通管理法规概述

交通管理法规是交通使用者在交通过程中必须遵守的法律、法令、规则和条例的统称。

按其有效范围，可分为三个层次。

（1）全国性法规。全国性法规应具有全局性意义，是必须在全国统一执行的一些规定，它是制定地方性法规的依据。

（2）地方性法规。地方性法规应是当地全局性的管理措施。可根据当地自然环境、城市建设及交通特点，在以全国性法规为依据的前提下，制定当地必须统一执行的一些补充规定。地方性法规对全国性法规做了一些不相矛盾的补充。

（3）局部性管理措施可认为是交通管理法规的补充或外延。

2.《中华人民共和国海上交通安全法》简介

随着我国海运事业的发展和海上交通安全管理形势的变化，船舶和海上设施数量大幅增多，且普遍向大型化、专业化发展。海上交通环境日益复杂，安全风险显著增加。原版的《中华人民共和国海上交通安全法》已无法满足新形势要求。2020 年 9 月 23 日，李克强总理主持召开第 109 次国务院常务会议，审议通过了《中华人民共和国海上交通安全法（修订草案）》。审议通过的《中华人民共和国海上交通安全法（修订草案）》报送至全国人大审议后颁布实施。修订草案主要从应对海上交通安全管理新形势、顺应航运发展国际化新需求、统筹国内立法新制度、强化海上交通安全治理能力、解决突出矛盾问题、维护国家海洋权益等方面进行了全方位、系统性修改，加强了法律制度的科学性和可操作性。2021 年 4 月 29 日，国家主席习近平签署了第七十九号主席令。《中华人民共和国海上交通安全法》已由中华人民共和国第十三届全国人民代表大会常务委员会第二十八次会议于 2021 年 4 月 29 日修订通过，自 2021 年 9 月 1 日起施行。

修订工作从规范事前制度、加强事中事后监管、强化应急处置等方面完善制度设计，全方位落实安全管理要求，主要规定了以下内容。

（1）章节变化。

原版《中华人民共和国海上交通安全法》共十二章；新版《中华人民共和国海上交通安全法》为十章。章节缩减，但内容更丰富，相关要求更多、更细。法规的目标也出现重大变化，相关要求进一步明确、细化，指导性更强，可操作性得到进一步提升。新旧版《中华人民共和国海上交通安全法》章节对比如表 9–1 所示。

表 9–1 新旧版《中华人民共和国海上交通安全法》章节对比

章节	原版（1984 年施行）	新版（2021 年施行）
一	总则	总则
二	船舶检验和登记	船舶、海上设施和船员
三	船舶、设施上的人员	海上交通条件和航行保障
四	航行、停泊和作业	航行、停泊、作业
五	安全保障	海上客货运输安全
六	危险货物运输	海上搜寻救助
七	海难救助	海上交通事故调查处理
八	打捞清除	监督管理
九	交通事故的调查处理	法律责任
十	法律责任	附则
十一	特别规定	
十二	附则	

（2）优化海上交通条件，提高安全保障水平。

一是规定海事管理机构根据需要划定、调整并及时公布船舶定线区等海上交通功能区域。二是明确国家建立完善船舶定位、导航等海上交通支持服务系统。三是明确航标建设、维护、保养的行为规范和责任主体。四是规定引航范围，明确引航机构、引航员和被引领船舶的责任。

（3）强化船舶、船员管理，规范海上交通行为。

一是规定船舶应当经船舶检验机构检验合格，取得相应证书、文书及国籍证书。二是规定船员应当接受相应专业教育、培训，持有合格有效证书，按照制度规程操纵和管理船舶。三是要求有关船舶所有人、经营人或管理人建立、运行安全营运和防污染管理体系及保安制度，取得海事劳工证书。四是明确船舶航行、停泊、作业需要普遍遵守的行为规则，规定船舶载运乘客、危险货物以及进行危险货物装卸、过驳作业的安全保护措施。

（4）严控行政许可事项，规范行政执法行为。

一是精简整合现行法律法规设立的涉及海上交通安全管理的行政许可事项，取消一批行政许可事项，将船舶安全检验改为第三方机构检验发证。二是为履行《国际海事劳工公约》，拟新设海事劳工证书核发许可。三是明确海上施工作业，船舶载运危险货物进出港口，船舶、海上设施从事危险货物运输或者装卸、过驳作业等多项许可的适用范围和条件。四是明确海事管理机构在船舶超载、威胁港口安全等情形下可采取的强制措施，要求实施监督检查，避免或减少对正常作业的影响。

（5）完善海上搜救机制，健全事故调查处理制度。

一是明确海上遇险人员依法享有获得生命救助的权利，规定生命救助优先于环境和财产救助的基本原则。二是规定建立海上搜救协调机制，加强海上搜救力量建设，设立海上搜救中心负责组织、协调、指挥工作，建立定期演练和日常培训制度，鼓励社会力量参与海上搜救行动。三是规定险情发生后遇险、救援、指挥各方的行为规范，保障海上搜救行动有序开展。四是规定海上交通事故分类标准、调查主体、原则、程序等。

此外，明确了各类违法行为的法律责任并规定了海上交通事故管理责任和调查处理机制。

参考文献

[1] 沈志云 . 交通运输工程学 [M]. 北京：人民交通出版社，1999.

[2] 邓学钧，刘建新 . 交通运输工程导论 [M]. 北京：清华大学出版社，2009.

[3] 冯树民 . 交通运输工程 [M]. 北京：知识产权出版社，2004.

[4] 郭晓汾，王国林 . 交通运输工程学 [M]. 北京：人民交通出版社，2006.

[5] 过秀成 . 交通运输工程学 [M]. 北京：人民交通出版社股份有限公司，2017.

[6] 王润琪 . 交通运输工程概论 [M]. 北京：中国林业出版社，2012.

[7] 蒋红斐 . 交通运输工程概论 [M]. 长沙：中南大学出版社，2016.

[8] 张赫 . 交通运输工程学概论 [M]. 大连：大连海事大学出版社，2017.

[9] 张庆英 . 交通运输工程导论 [M]. 北京：电子工业出版社，2007.

[10] 顾保南，赵鸿铎 . 交通运输工程导论 [M].3 版 . 北京：人民交通出版社股份有限公司，2014.

[11] 胡思继 . 交通运输学 [M].2 版 . 北京：人民交通出版社股份有限公司，2017.

[12] 孙家庆 . 物流运输管理 [M]. 大连：大连海事大学出版社，2016.

[13] 孙家庆，唐丽敏 . 供应链物流学 [M]. 大连：大连海事大学出版社，2016.

[14] 孙家庆，张赫，孙倩雯 . 集装箱多式联运 [M].4 版 . 北京：中国人民大学出版社，2020.

[15] 孙家庆，徐丽群 . 运输代理理论与实务 [M]. 北京：人民交通出版社股份有限公司，2018.

[16] 张赫，孙家庆 . 智能物流 [M]. 北京：中国物资出版社，2011.

[17] 傅莉萍 . 运输管理 [M]. 北京：清华大学出版社，2015.

[18] 王喜富 . 大数据与智慧物流 [M]. 北京：清华大学出版社，2016.

[19] 陈才君，柳展，钱小鸿，等 . 智慧交通 [M].2 版 . 北京：清华大学出版社，2015.

[20] 王杰，徐庆利 . 交通运输政策概论 [M]. 大连：大连海事大学出版社，2015.

[21] 吴兵，李晔 . 交通管理与控制 [M].4 版 . 北京：人民交通出版社，2009.

[22] 董襄宁，赵征，张洪海 . 空中交通管理基础 [M]. 北京：科学出版社，2011.

[23] 尹传忠，王立坤 . 综合运输学概论 [M]. 上海：上海交通大学出版社，2020.

[24] 何承，朱扬勇 . 城市交通大数据 [M]. 上海：上海科学技术出版社，2015.

[25] 顾正洪 . 交通运输安全 [M]. 2 版 . 南京：东南大学出版社，2016.

[26] 庞哲，谢波 . 城市绿色交通的内涵、特征及发展策略——基于国外实践经验的思考 [J]. 规划师，2020，36（1）：20–25，37.